ÉTUDES

STRATIGRAPHIQUES ET PALÉONTOLOGIQUES

POUR SERVIR A L'HISTOIRE

DE LA

PÉRIODE TERTIAIRE

DANS LE BASSIN DU RHONE

PAR F. FONTANNES

MÉMOIRE POSTHUME RÉDIGÉ ET COMPLÉTÉ

PAR LE DOCTEUR CH. DEPÉRET

IX

LES TERRAINS TERTIAIRES MARINS

DE LA COTE DE PROVENCE

PREMIÈRE PARTIE

LES FALUNS DE LA COTE DE CARRY

ÉTAGES AQUITANIEN ET LANGHIEN

LE ROUET — CARRY — SAUSSET

PARIS

AU SIÈGE DE LA SOCIÉTÉ GÉOLOGIQUE DE FRANCE

7, RUE DES GRANDS-AUGUSTINS

1889

PRÉFACE

Après la mort si inattendue de mon regretté confrère et ami F. Fontannes, j'ai été chargé de recueillir les notes manuscrites que ce savant géologue avait accumulées sur divers point de la géologie tertiaire du bassin du Rhône, et de coordonner ces documents dans le but de les faire servir à une publication posthume. Cette mission, que j'ai acceptée sur le vœu formel d'une mère qui s'est consacrée toute entière à la mémoire de son cher enfant, et aussi sur le désir de MM. les Directeurs du service de la Carte géologique de France, était plus délicate que je n'aurais pu le penser au premier abord.

Deux partis se présentaient à moi pour la réalisation de ce vœu, auquel m'attachait aussi un devoir de piété amicale :

ou bien me borner à mettre en ordre ces rapides notes de voyage et à les publier intégralement, telles qu'elles avaient germé sur le terrain dans l'esprit de notre confrère; ou bien, au contraire, reprendre par le détail chacune de ces études locales ébauchées, et, prenant pour point de départ les notes et les opinions de Fontannes, — auxquelles des conversations familières m'avaient depuis longtemps initié, — compléter l'œuvre que la main de l'éminent géologue de Lyon avait dû laisser inachevée, au grand détriment de la science.

Le premier procédé n'aurait conduit qu'à une publication aride, et même sans grand intérêt, vu l'absence de conclusions générales. Le second, que j'ai cru devoir adopter comme le meilleur, m'exposait au danger de faire œuvre trop personnelle et d'attribuer à Fontannes les idées que j'ai dû me former à mon tour, dans les cas si fréquents où les nécessités de la stratigraphie descriptive ont forcé l'auteur de ces notes à laisser de côté le point de vue théorique et l'ont empêché d'exprimer sa manière de voir définitive, soit sur la détermination des espèces fossiles, soit sur l'attribution de chacune des assises aux divers termes de l'échelle géologique.

Afin d'éviter de rendre notre confrère responsable des erreurs d'observation ou d'appréciation que j'ai pu commettre en complétant ses travaux, il est nécessaire que j'indique dans cette préface la part de collaboration qui revient à chacun de nous dans la rédaction de ces *Études*.

En ce qui concerne le présent mémoire, consacré aux faluns aquitaniens et langhiens de la côte de Carry et qui n'est que la première partie d'un travail général sur les formations tertiaires marines des Bouches-du-Rhône, — l'Introduction, l'Historique et toute la stratigraphie descriptive, coupes et descriptions locales, appartiennent à Fontannes, et mon rôle pour ces chapitres s'est borné à l'agencement et à la rédaction. Notre confrère avait même déjà coordonné les nombreuses coupes de détail qu'il avait relevées, et les avait réunies en un tableau d'assemblage, grâce auquel la succession générale des assises de la région se trouvait nettement établie. J'ai pu moi-même en reprenant une à une, et les notes de Fontannes à la main, la série de ces intéressantes coupes, me convaincre de la scrupuleuse conscience avec laquelle cette étude avait été effectuée.

Pour la partie paléontologique, quelques trop rares espèces, de préférence parmi les formes caractéristiques des étages, se trouvaient dénommées dans le cours de la description stratigraphique, comme le lecteur pourra le constater en lisant ce chapitre du mémoire.

Mais j'ai dû entreprendre l'étude paléontologique de la majorité des espèces, en me servant des matériaux de la collection Fontannes, mise gracieusement à ma disposition par mon confrère M. Bertrand, professeur à l'École des mines, et aussi avec les nombreux documents que j'ai recueillis moi-même dans de fréquentes excursions à Carry. Enfin j'ai dû rédiger les conclusions générales du mémoire sous la forme d'une description synthétique des terrains assise par assise, dans laquelle, conformément à la méthode adoptée par Fontannes dans toutes ses *Études*, se trouve discutée la place qui revient à chacun des termes régionaux dans l'échelle générale stratigraphique.

Mes vœux seront satisfaits, si ce présent mémoire est jugé par mes confrères comme digne de former une suite aux importants travaux de Fontannes sur la géologie du Sud-Est.

Ch. DEPÉRET.

1er mars 1888.

INTRODUCTION

Sur les côtes ensoleillées de la Provence, entre les golfes de Marseille et de Foz, affleure une coupe unique dans tout le sud-est de la France où, sur aucun point, n'apparaissent des dépôts identiques de la période miocène. Comme depuis bien des années les stations typiques de Carry, de la Couronne, ont été maintes fois prises pour termes de comparaison, de nombreux géologues de tous pays les ont visitées, et cependant encore aujourd'hui, alors que tant de bassins de moindre intérêt pour la géologie de notre pays ont été analysés avec un soin minutieux, il n'existe aucune étude spéciale de cette étroite bande de terrain qui se montre si pittoresquement encadrée par l'azur de la mer provençale et le vert sombre des forêts de pins des hauteurs.

Les données les moins vagues que les annales de la géologie aient à enregistrer sur les allures des terrains, sur leur constitution et sur leur faune, il faut les chercher dans un ouvrage excellent dans son temps, mais vieux depuis près d'un demi-siècle, consacré à l'étude de la Provence; dans les citations d'une monographie du bassin de Vienne, ou dans quelques *Traités* ou Tableaux de classification.

Or, l'accès de cette région n'offre aucune difficulté. Le savant, pour peu qu'il ait le sentiment des beautés pittoresques, n'a qu'à lutter contre le charme de cette nature si sobre de lignes, si chaude de coloris, qui tend sans cesse à l'arracher à ses études arides pour le jeter dans la plus ineffable des contemplations.

A quoi attribuer ce délaissement? Peut-être en partie à ce qui, tout d'abord, le rend plus inexplicable. Sans liaison apparente avec les autres formations tertiaires qui couvrent le Sud-Est, ces dépôts n'entrent pas dans le cadre des recherches qui s'imposent; négligés ou méconnus, ils n'entravent en aucune manière ou n'éclaireraient d'aucune lumière la classification des terrains qui sont d'un âge immédiatement plus ancien, ou plus récent, ou qui peuvent en être contemporains. Car ceux qui semblent se placer sur la même échelle stratigraphique présentent un facies absolument différent et ne se lient à eux que par une portion minuscule de leur faune.

En outre, si la succession des strates offre le plus souvent, sur cette partie du littoral provençal, une grande netteté, les fossiles qui caractérisent ces divers dépôts sont dans bien des cas d'une récolte et d'une étude difficiles. Parfois enchâssés dans une roche d'une grande dureté, il faut attendre que les agents atmosphériques, que les vagues les aient mis en haut relief pour ainsi dire, et même alors il est bien rare que le ciseau n'entraîne pas une partie de la gangue; ailleurs, l'état de conservation laisse beaucoup plus à désirer, et nombre d'espèces ne sont représentées que par des moules dont la détermination est toujours plus ou moins empirique.

Mais la plupart des difficultés qui naissent de ces conditions défavorables sont facilement vaincues par la minutie et la persévérance dans les recherches. Depuis longtemps, je désirais combler cette lacune dans nos connaissances sur les terrains tertiaires du Sud-Est, et étudier ces gisements dont les étrangers et surtout les géologues autrichiens, s'occupent beaucoup plus que nous : deux séjours prolongés dans ce pays dans les années 1879 et 1883 m'ont permis de recueillir des documents assez nombreux, assez précis, pour que leur étude et les conclusions qui en découlent présentent un certain intérêt pour la géologie du Sud-Ouest et celle d'une partie de l'Europe méditerranéenne. Car cette formation, qu'un abaissement de quelques mètres de la côte effacerait de la constitution géologique du Sud-Est, doit la plus grande part de son intérêt aux grands bassins classiques qu'elle relie ; c'est le seul point de repère que le savant trouve sur sa route entre les *Hornerschichte* du bassin du Danube et les couches des environs de Bordeaux.

LES TERRAINS TERTIAIRES MARINS

DE LA

COTE DE PROVENCE

I

Historique

1° Stratigraphie. — Le premier mémoire, dans lequel nous trouvons sur ces curieux affleurements des données utilisables en l'état actuel de la science, est dû à M Ph. Matheron. Dans son *Catalogue méthodique et descriptif des corps organisés fossiles du département des Bouches-du-Rhône*, publié en 1842, ce savant, à qui l'histoire géologique de la Provence est redevable de tant de découvertes de premier ordre, classe l'ensemble de la formation qui nous occupe dans le *terrain de mollasse*, compris entre son *terrain à gypse*, — qui correspond à peu près à mon groupe d'Aix, — d'une part et le *terrain tertiaire supérieur* de l'autre, représenté seulement, d'après l'auteur, par les calcaires travertineux de la Viste, des Eygalades, près de Marseille et d'autres localités de la Provence.

Ce terrain de *mollasse* qui paraît correspondre, d'après les vues de l'auteur, au terrain tertiaire moyen, comprendrait (voir le tableau de la p. 96) deux séries de couches parallèles, les unes marines; les autres d'eau douce. La série d'eau douce est celle du bassin de Marseille, dans lequel M. Matheron voit l'équivalent lacustre de la mollasse marine de Carry, opinion que je n'ai pas à discuter en ce moment.

Quant au terrain marin ou de la *mollasse*, l'auteur le subdivise en deux niveaux, désignés par les numéros 5 et 6 de son tableau général où les assises se trouvent disposées de haut en bas dans leur ordre d'ancienneté. Voici en quels termes sont caractérisés ces deux horizons :

	TERRAIN MARIN	
TERRAIN DE MOLLASSE	5. Calcaire moellon ou grès coquillier plus ou moins grossier.	15-30^{m}
	6. Couches marneuses plus ou moins sablonneuses ou micacées.	15-25^{m}

L'assise n° 5 ou « le second étage est formé de couches d'un calcaire plus ou moins grossier, plus ou moins tendre, et renfermant des fossiles nombreux. C'est le calcaire moellon de Marcel de Serres; c'est le calcaire exploité comme pierre de taille à Saint-Rémy, à la Couronne, à Fontvielle, à Salon, etc. » Il n'y a pas grande difficulté à reconnaître dans cet étage la mollasse calcaire à Peignes et à *Ostrea crassissima* qui constitue la base de l'étage helvétien dans la plus grande partie du bassin du Rhône.

Le numéro 6 est formé « d'une série de couches marneuses, souvent micacées, et de couleur variant entre le gris verdâtre, le jaunâtre et le bleu plus ou moins foncé ». Sous cette rubrique, l'auteur classe des terrains de nature et d'âge bien différents, tels que les marnes bleues de Bollène et de Fréjus qui sont pliocènes, celles de Cucuron qui appartiennent à l'helvétien supérieur, puis les marnes bleues aquitaniennes de Montpellier, enfin les couches marneuses ou sableuses de Carry, subordonnées à la mollasse calcaire du cap Couronne, et les seules dont j'ai à m'occuper dans ce travail.

En 1862, M. Matheron, dans ses *Recherches comparatives sur les dépôts fluvio-lacustres tertiaires des environs de Montpellier, de l'Aude et de la Provence*, ne s'occupe des formations marines que d'une manière accessoire; néanmoins il rectifie une partie des confusions ci-dessus indiquées, et il classe de la manière suivante les formations miocènes marines des Bouches-du-Rhône, comparées à celles des environ de Montpellier :

BOUCHES-DU-RHONE	MONTPELLIER
Grès et calcaires marins d'Istres, de Martigues à *Pecten scabriusculus, palmatus, planosulcatus.*	Calcaire moellon de M. de Serres. *Perna maxillata.*
Couches à *Ostrea crassissima* d'Aix, Rognes, Carry.	Couches à *Ostrea crassissima.*
Calcaire coquillier de Carry, du Plan-d'Aren.	Marnes bleues.

Tel qu'il vient d'être présenté, c'est-à-dire en ne tenant compte que des localités du département des Bouches-du-Rhône, à l'exclusion des autres points de la Provence ou du Comtat, ce tableau ne diffère de celui que l'auteur avait publié en 1842 que par la séparation de la mollasse calcaire n° 5 en deux termes : à la base les couches à *Ostrea crassissima;* au sommet les grès et calcaires à *Pecten planosulcatus* et *scabriusculus*. Cette succession représente bien, considérée très en grand, la série des couches miocènes marines de la côte de Provence, mais l'auteur se borne à l'indiquer sans essayer d'établir, dans l'échelle stratigraphique générale, l'âge précis de chacun de ces étages. Quant aux synchronismes entre ces dépôts marins de la Provence et ceux des bassins tertiaires autres que celui du Languedoc, M. Matheron indique seulement le parallélisme des couches coquillières inférieures de Carry et des faluns de la Touraine, opinion dont il serait aujourd'hui superflu de faire ressortir l'inexactitude.

Enfin, en 1864, M. Matheron arrivait à se faire une opinion plus précise sur l'âge des couches miocènes de la côte provençale, opinion qu'il a exprimée seulement en quelques lignes à la fin du compte rendu de l'excursion de la Société géologique dans le bassin d'Aix (*Réunion extraordinaire à Marseille*, 1864). Ces conclusions, malheureusement restées sans détails stratigraphiques et paléontologiques, méritent d'être reproduites en entier. « Le riche gisement de Carry est caractérisé par une faune absolument identique avec celle des faluns de Mérignac et de Cabannes, près de Dax. C'est à cet étage qu'appartiennent les marnes bleues de Fontcaude, près de Montpellier et les marnes grises qui occupent le sous-sol de la Rotonde d'Aix.

« En continuant de suivre le littoral depuis Carry jusqu'au cap Couronne, on rencontre dans l'anse de Beaumadalier des couches dont les fossiles sont identiques avec ceux de l'horizon de Léognan, et qui, sur le bord même de cette anse, sont recouvertes par le dépôt marin que Marcel de Serres désignait sous le nom de calcaire moellon, et qui est le type de ce que bien des géologues ont appelé et appellent encore la mollasse coquillière. C'est à cet horizon qu'appartiennent la plus grande partie des gisements du tertiaire marin de la vallée du Rhône, des environs de Montpellier, de Béziers et de Narbonne.

« Enfin arrive au-dessus l'équivalent des « faluns de Salles, dans lequel on rencontre tout aussi bien au cap Couronne qu'aux environs de Cucuron, la *Cardita Jouanneti*. »

En dehors du vénérable géologue marseillais dont on vient de suivre les opinions successives, mais de plus en plus précises et exactes sur l'âge des faluns de la côte de Provence, un seul géologue s'est occupé avec quelque détail de la stratigraphie de cette intéressante formation : c'est M. Charles Mayer, de Zurich.

Dans son *Tableau synchronistique des terrains tertiaires de l'Europe* (1er mars 1869), ce géologue place de la manière suivante les couches tertiaires de la côte de Provence, de haut en bas.

HELVÉTIEN I.	1b Mollasse marine à Balanes, *Pecten burdigalensis et flabelliformis*, de la Couronne, Istres, Saint-Paul-Trois-Châteaux, etc.
	1a Banc d'*Ostrea crassissima* de Carry, d'Istres, Rognes, Aix, etc.
MAYENCIEN II.	2. Mollasse marine à moules nombreux de *Venus* et de *Cardium* de Carry, près des Martigues.
MAYENCIEN I.	1b Calcaire gréseux blanc à *Turritella turris* de Carry et du Plan-d'Aren.
	1a Grès sableux jaune à *Pecten solarium* de Carry.
AQUITANIEN II.	2. Bancs à *Mytilus* et Cyrènes à l'est de Carry et bancs à *Lucina scopulorum* et *Cerithium margaritaceum* à l'ouest de Carry.
AQUITANIEN I.	1. Marnes bleues ou blanches avec banc gréseux à *Lucina pomum*, *Cytherea undata*, Orbitolites, etc , de Carry et du Rouet près des Martigues.

Les *conglomérats rougeâtres* du Rouet-de-Carry, base de toute la formation, et les sables à *Pecten subpleuronectes* ne sont pas mentionnés.

1° *Les marnes et grès à Lucina pomum et Cytherea undata* attribués à l'Aquitanien I, ou horizon de Bazas, correspondraient, d'après M. Mayer, à une partie de la meulière de Beauce, dans le bassin de Paris; aux marnes à Cyrènes du bassin rhénan ; à la partie la plus inférieure de la mollasse marine suisse (Rallingen, Lucerne etc.); aux couches d'Acqui, Sassello, Cascinelle, dans la Ligurie ; enfin dans le sud-ouest de la France à l'ensemble de couches fluvio-marines (marnes bleues de la Brède et de Bazas, calcaires d'eau douce de Larriey, Saucats, mollasse ossifère de Léognan) qui succèdent immédiatement au calcaire à Astéries.

3° *Les bancs à Mytilus, Cyrènes et Cérites*, à l'est de Carry (Aquitanien II, ou horizon de Mérignac) seraient contemporaines de la partie supérieure du calcaire d'eau douce de Beauce; du calcaire à *Helix Ramondi* d'Hochheim près de Mayence; d'une partie de la mollasse d'eau douce suisse, de la mollasse sableuse du pied nord de l'Apennin ligure, et dans l'Aquitaine, des faluns de Mérignac, Martillac, Larriey, Saucats, Saint-Avit, avec le calcaire d'eau douce supérieur de Saucats et de Martillac.

3° *Les grès jaunes calcaréo-siliceux à Pecten et Huîtres* de Carry, réunis aux *calcaires gréseux à Turritella turris*, à l'ouest de Carry, sont attribués au Mayencien I, c'est-à-dire à l'horizon des *Hornerschichte* dans la basse Autriche. Ces couches représenteraient le calcaire à Corbicules du bassin de Mayence ; la mollasse grise d'eau douce des cantons de Vaud, Berne, Appenzell, etc. ; les sables et marnes des environs de Horn, Eggenbourg en Autriche ; les marnes bleues à *Cerithium plicatum* des environs de Montpellier; les faluns de Léognan, de Saucats, de Saint-Médard, ainsi que les marnes du moulin de Cabannes près de Dax, dans le sud-ouest de la France.

4° *La mollasse marine à Venus et Cardium* (Mayencien II, ou horizon de Grund) serait l'équivalent des faluns de la Touraine ; des calcaires à Littorinelles supérieurs du bassin rhénan, des brèches calcaires à faune marine du canton de Bâle; enfin des faluns jaunes de Saucats supérieur et de Cestas, ainsi que des sables du moulin de Cabannes dans le bassin de l'Aquitaine.

5° *Enfin la mollasse helvétienne* comprenant les bancs à *Ostrea crassissima*, surmontés par les couches à Balanes et *Pecten burdigalensis* de la Couronne, ne correspondraient qu'à la division inférieure de l'étage (Helvétien I, ou horizon de Steinabrunn) et aurait pour équivalent la formation lignifère du Westerwald dans le bassin inférieur du Rhin; la partie inférieure de la mollasse helvétienne suisse (canton de Vaud, Fribourg, Berne, Lucerne, Schaffouse, etc.), les sables calcaires à Bryozoaires de Steinabrunn, Grinzing et le calcaire de la Leitha; les sables serpentineux inférieurs de la colline de Turin; les bancs à *Ostrea crassissima* et le calcaire moellon du Languedoc, les faluns de Baudignan et de Gabarret, ainsi que l'horizon un peu plus élevé de Salles et d'Orthez dans le sud-ouest de la France.

Je n'ai pu signaler dans ce court résumé que les plus importants des parallélismes adoptés par M. Mayer, pour les différentes assises de la formation de Carry. Si quelques-uns de ces synchronismes sont discutables, notamment en ce qui concerne le bassin de l'Aquitaine, la succession des assises se trouve du moins établie d'une manière fort nette dans son ensemble. Mais il faut remarquer que la plupart des assimilations proposées ne reposent que sur un bien petit nombre de données paléontologiques, ce dont il n'y a d'ailleurs pas lieu d'être surpris dans un document d'une portée aussi générale que le tableau synchronistique de M. Mayer.

2° Paléontologie. — La liste des fossiles tertiaires marins des Bouches-du-Rhône, cités dans le travail de M. Matheron, (*Catal. méth.*, *loc. cit.*) est fort étendue, mais il est assez difficile de l'utiliser au point de vue stratigraphique, parce que les espèces des différents étages de la mollasse n'y sont pas suffisamment distinguées, et s'y trouvent, comme il a été dit plus haut, réparties seulement en deux horizons, le supérieur surtout calcaire (n° 5), l'inférieur marno-sableux (n° 6). Or, cette distinction pétrographique ne correspond nullement à une division stratigraphique réelle. Il en résulte que l'on y trouve, groupées par exemple dans un même étage n° 6, avec les fossiles de la mollasse *aquitanienne* et *langhienne* de Carry, ceux du pliocène de Fréjus, dont il est facile de faire abstraction, — ceux de l'*helvétien supérieur* de Cucuron, enfin ceux de l'*helvétien inférieur* marno-sableux de diverses localités provençales, telles que la Couronne, Plan-d'Aren, Istres, Saint-Chamas, Saint-Mitre, Aix, Lambesc, Pellissanne, Peyrolles, Jouques, etc

Par contre, plusieurs espèces des faluns anciens de Carry sont reportées dans le *Catalogue* de M. Matheron à l'étage supérieur n° 5, et il n'est pas toujours facile de décider si ces espèces proviennent réellement de la mollasse helvétienne qui recouvre les étages plus anciens du terrain miocène à quelque distance à l'ouest du port de Carry.

Ces réserves faites, et en se servant des indications de localité, qui sont toujours très précises dans les travaux de M. Matheron, on peut arriver à répartir les nombreuses espèces citées par ce savant dans la *mollasse coquillière* en deux listes : la première se rapporte aux deux localités de Carry et de Sausset (étages antérieurs à l'helvétien); la seconde, aux nombreuses stations de l'étage helvétien des Bouches-du-Rhône, dont les principales sont : Plan-d'Aren, Istres, Saint-Chamas, la Couronne, etc.

1° Les fossiles de Carry et de Sausset comprennent 1 Brachiopode, 18 Lamellibranches, 71 Gastropodes marins, auxquels il faut ajouter 2 Gastropodes terrestres du genre *Helix*. Sur ce total de 91 espèces, 22 (dont 17 Gastropodes et 5 Lamellibranches) sont considérées comme nouvelles, décrites sommairement et figurées. Ces espèces sont les suivantes :

Buccinum eburnoides,	MATH.	*Turbo pisum,*	MATH.
— *Martinianum,*	—	*Trochus Martinianus,*	—
Purpura Martini,	—	*Scalaria rugosa,*	—
Pleurotoma spirata,	—	*Pyramidella Alberti,*	—

Natica striata,	MATH.	*Helix Micheliniana,*	MATH.
Nerita galloprovincialis,	—	— —	—
— *sublævis,*	—	*Cardium anomale,*	—
— *Martiniana,*	—	*Mytilus Michelinianus,*	—
— *subcarinata,*	—	*Pecten gallo-provincialis,*	—
Fissurella Martini,	—	*Plicatula Martini,*	—
Bulla subumbilicata,	—	*Ostrea Doublieri,*	—
Helix d'Orbinyana,	—		

La plupart des autres espèces sont considérées comme identiques à des formes du bassin de Paris, des environs de Bordeaux ou du Vicentin; mais la détermination de plusieurs d'entre elles, qui pouvait passer pour excellente, à une époque où les Mollusques des bassins tertiaires n'avaient pas été étudiés avec une précision rigoureuse, doit être aujourd'hui considérée comme fort douteuse,

2° La liste des espèces provenant de la mollasse marine supérieure ou helvétienne est moins étendue que la première ce qui tient évidemment au mauvais état général de préservation des fossiles. Cette liste comprend néanmoins 28 Lamellibranches, dont un nouveau, le *Pecten scabriusculus*, Math., et 19 Gastropodes, dont trois considérés comme nouveaux, la *Cypræa provincialis*, la *Turritella Doublieri* et le *Solarium Doublieri*.

En résumé, le Catalogue de M. Matheron énumère 138 espèces de Mollusques du miocène marin de la côte de Provence, chiffre considérable, et qui n'a pu être réalisé que par de longues et patientes recherches. Si beaucoup de dénominations admises dans cet ouvrage ont dû être rectifiées, si bon nombre des espèces nouvelles ont du rentrer en synonymie, ce travail n'en reste pas moins un point de départ fondamental pour la géologie de ces intéressantes formations tertiaires.

En 1852, dans le *Prodrome de paléontologie stratigraphi-*

que universelle, 3ᵉ volume, d'Orbigny cataloguait les fossiles de Carry dans son étage 26ᵉ ou *Falunien*, et dans la subdivision supérieure de cet étage : sous-étage B ou Falunien proprement dit. Pour les Mollusques, il se borne à reproduire les espèces nouvelles décrites par M. Matheron, en modifiant seulement quelques-uns des noms de cet auteur, comme appartenant à des espèces antérieurement décrites. Pour les autres classes d'animaux, c'est à d'Orbigny que nous devons les seules indications que la paléontologie possède sur ces terrains. L'auteur du *Prodrome* énumère un certain nombre d'espèces de Bryozoaires, d'Echinodermes et de Polypiers des terrains miocènes marins de Provence.

Parmi ces espèces, un seul Echinoderme (*Lobophora elliptica*, Desor) et sept Polypiers sont indiqués des couches de Carry : *Rhyzangia Martini*, Edw. et H.; *Phyllocœnia astroites*, Goldf.; *Phyllocœnia carryana*, d'Orb.; *Actinocœnia carryana*, d'Orb.; *Goniarœa carryensis* d'Orb.; *Litharœa Martini*, d'Orb. *Litharœa carryensis*, d'Orb. Les cinq dernières espèces sont dénommées pour la première fois dans cet ouvrage, décrites très sommairement, mais non figurées.

Pour la mollasse calcaire supérieure, d'Orbigny indique les espèces suivantes de diverses localités des Bouches-du-Rhône.

BRYOZOAIRES. *Membranipora supergiana*, D'ORB. Étang de la Valduc.
Lunulites androsaces, MICH. —
Radiopora cumulata, D'ORB. —
Defrancia armorica, D'ORB. La Couronne.

ECHINODERMES. *Schizaster Parkinsoni*, AG. Martigues.
— *Raulini*, AG. —
Amphidetus depressus, AG. La Couronne.
Conoclypus plagiosomus, AG. —
Pygurus scutiformis, DESML. Martigues.
— *hemisphæricus*, AG. Martigues, la Couronne.

Clypeaster scutellatus, M. DE SERRES. La Couronne, Plan-d'Aren, la Valduc.
Echinus obliqua, AG. Martigues.
— *Serresi*, DESML. Martigues.
Tripneustes Parkinsoni, AG. Foz.

ZOOPHYTES. *Prionastræa diversiformis*, EDW. et H. Istres.
— *Ceriopora palmata*, D'ORB. La Valduc.

FORAMINIFÈRES. *Anomalina nautiloides*, D'ORB. Étang de Berre.
— *Amphistegina vulgaris*, D'ORB. —

Dans sa splendide monographie des Mollusques tertiaires du bassin de Vienne (*Die fossilen Mollusken des Tertiar-Beckens von Wien*, 1851-1867), Hörnes signale les fossiles miocènes de la côte de Provence, en grande partie d'après le travail de M. Matheron, mais en partie aussi d'après les spécimens des collections viennoises, et enfin d'après les indications de MM. Mayer et Bellardi. Il rectifie beaucoup de noms spécifiques admis par M. Matheron, et fait rentrer dans des types déjà connus neuf des espèces indiquées comme nouvelles par le géologue provençal. Six d'entre-elles sont des couches de Carry. : *Cardium anomale*, *Plicatula Martini*, *Fissurella Martini*, *Buccinum eburnoides*, *Scalaria rugosa*, *Pyramidella Alberti*, qui deviennent respectivement, d'après Hörnes : *Cardium discrepans*, Bast. ; *Plicatuta mytilina*, Phil.; *Fissurella italica*, Defr.; *Buccinum Caronis*, Brong. ; *Scalaria lamellosa*, Broc,; *Pyramidella plicosa*, Bronn. Enfin les trois espèces de M. Matheron *Cypræa provincialis*, *Turritella Doublieri* et *Solarium Doublieri*, du niveau de la Couronne et de Plan-d'Aren, sont pour Hörnes, identiques à *Cypræa pyrum*, Gm.; à *Turritella vermicularis*, Brocc., et à *Solarium coracollatum*, Lam.

Le chiffre total des espèces de Carry citées dans l'ouvrage

de Hörnes s'élève à 67, parmi lesquelles les 13 suivantes ne figuraient pas dans le *Catalogue* de M. Matheron.

Bulla truncata, ADAMS.
Turritella turris, BAST.
Rissoa Montagui, PAYR.
Pleurotoma Philiberti, MICH.
Cerithium vulgatum, BRONGN.
Cerrithium mediterraneum, DE H.
Columbella tiara, BON.
Columbella scripta, BELL.
— *subulata*, BELL.
Buccinum costulatum, BROC.
Cardium papillosum, POLI.
— *edule*, LAM.
Pecten burdigalensis, LAM.

Enfin les espèces de la Couronne et de Plan-d'Aren, indiquées dans le travail de Hörnes, en plus de celles qui avaient été citées par M. Matheron, sont au nombre de quatre :

Calyptræa chinensis, L.
Panopæa Menardi, DESH.
Corbula carinata, DUJ.
Venus Aglauræ, BRONGN.

II

Situation. Stratigraphie générale

Au pied du versant méridional de la chaine jura-crétacée de la Nerthe, dont les pentes s'abaissent vers le golfe de Marseille, les terrains tertiaires marins constituent une étroite bande littorale parfois interrompue, dirigée sensiblement E.-O. comme le chainon lui-même, et dont la largeur, souvent fort réduite, ne dépasse guère en d'autres points un maximum de 2 kilomètres.

Les premiers affleurements tertiaires commencent au port

de Gignac sous la forme de quelques lits de conglomérats grossiers, plongeant assez vivement sous la mer, et appuyés sur les grès et les marnes sénoniennes à Hippurites, puis un peu plus à l'ouest sur les calcaires urgoniens du Rouet-de-Carry. Mais ce n'est guère qu'à partir du bord occidental de l'anse de Rouet que la formation tertiaire prend une certaine importance et se laisse reconnaître même de loin sous la forme d'un plateau dont la pente régulière doucement inclinée vers le rivage, contraste avec les pentes escarpées de l'urgonien qui le domine vers le nord.

Le plateau tertiaire conserve une largeur moyenne de 1500 mètres en passant par les localités classiques de Carry et de Sausset, mais se rétrécit rapidement à l'ouest de ce dernier point : même depuis l'anse du Grand-Vallat jusqu'au port de Sainte-Croix, la falaise urgonienne se rapproche beaucoup du rivage, qu'elle atteint au fond de ces deux calanques, et dont elle n'est séparée dans l'intervalle que par le lambeau tertiaire de Tamaris. Mais à l'ouest du port de Sainte-Croix, c'est-à-dire dans la région du cap Couronne et de Carro, la formation tertiaire pénètre plus avant dans les terres, et divers lambeaux isolés à la surface de la craie inférieure témoignent même de l'ancienne extension des dépôts miocènes par-dessus cette extrémité tout à fait occidentale et très abaissée du chaînon de la Nerthe. Malgré une notable interruption des couches tertiaires entre l'anse de Bonnieu et le Ponteau, il est également facile de rattacher la formation de la Couronne aux divers affleurements mollassiques du Ponteau, de Port-de-Bouc, puis en définitive au plateau miocène presque continu qui s'étend au nord des Martigues, par le Plan-d'Aren, Istres, Miramas, pour disparaître à l'ouest sous les alluvions de la Crau.

Ces divers affleurements représentent dans leur ensemble les dépôts d'une longue période des temps tertiaires qui comprend une grande partie au moins du miocène inférieur (oligocène *sensu stricto*) et tout le miocène moyen. Par suite de l'inclinaison au S.S.O. des strates tertiaires, qui, — dans la bande littorale au moins, — plongent assez rapidement sous la mer, mais inclinent aussi plus doucement de l'est à l'ouest, il suffit de parcourir la côte dans cette dernière direction pour voir se succéder d'une manière régulière les divers étages tertiaires qui composent cette formation.

De Gignac jusqu'au bord occidental de l'anse de Rouet, on ne voit affleurer que les conglomérats de la base ; à l'ouest du Rouet, ceux-ci sont recouverts par les marnes, les grès et les mollasses d'abord *aquitaniens*, puis *langhiens* qui se succèdent jusqu'au port de Sausset. Avant d'atteindre cette localité, on voit à partir de l'anse des Baumettes, à mi-chemin entre Carry et Sausset, la mollasse calcaire à *Ostrea crassissima* couronner les assises précédentes, dont elle est séparée par un conglomérat à gros éléments verdâtres, constant à la base de la mollasse helvétienne dans tout le Sud-Est. A partir de Sausset, les assises de l'étage helvétien se succèdent vers l'ouest d'une manière régulière. Après l'interruption de l'anse du Grand-Vallat, c'est encore à cet étage qu'appartiennent les beaux affleurements de Tamaris, du Cap Couronne, de Carro ; enfin il en est de même des lambeaux de Ponteau, de Fos, de Bouc, et de tout le plateau mollassique qui s'étend au Nord de Martigues en suivant le bord occidental de l'étang de Berre.

La disposition sinon absolument discordante, du moins transgressive de la mollasse helvétienne sur les étages tertiaires antérieurs, la présence à peu près constante d'un conglomérat à gros éléments et d'apport lointain, à la base de cet étage, — qui semble correspondre à une perturbation assez notable, quoique momentanée, dans les conditions générales du dépôt, — m'ont engagé à scinder ce travail en deux parties.

Dans la *première partie*, qui compose le présent mémoire, je ferai l'étude des étages tertiaires antérieurs à l'*helvétien*, étages dont l'affleurement unique se trouve limité à la partie de la côte comprise entre Gignac et le port de Sausset. Un deuxième mémoire sera consacré à l'étude de la mollasse helvétienne des Bouches-du-Rhône, dont l'extension géographique est beaucoup plus considérable.

PREMIÈRE PARTIE

LES FALUNS DE LA COTE DE CARRY

(ÉTAGES AQUITANIEN ET LANGHIEN)

LE ROUET – CARRY – SAUSSET

I

COUPES ET DESCRIPTIONS LOCALES

L'étude de la bande tertiaire de Carry n'offre aucune difficulté sérieuse, vu l'absence d'accidents stratigraphiques, à l'exception de quelques larges ondulations de l'ensemble du système, et de quelques tassements et failles locales sans importance. Les meilleures coupes se présentent sans contredit le long des falaises abruptes qui bordent le rivage, celles que l'on pourrait recueillir dans l'intérieur des terres étant presque partout invisibles sous les bois. Mais, ces falaises se trouvant interrompues au niveau de chacune des nombreuses anses qui découpent cette côte, il en résulte que le géologue, réduit à étudier les promontoires qui séparent ces anses, se trouve en présence d'une série de coupes de détail discontinues, dont le raccordement n'est pas sans être en quelques points assez délicat.

Aussi a-t-il été nécessaire dans la description qui va suivre de multiplier les coupes de détail afin de rétablir avec précision la succession générale des assises. Comme les cartes du pays, même celles de l'Etat-major, ne portent qu'une faible partie des noms appliqués localement aux anses et aux caps dont j'aurai à donner les coupes, j'ai pensé qu'il serait utile pour le lecteur, et pour le géologue qui désirerait parcourir la contrée, d'avoir sous les yeux une petite carte d'en-

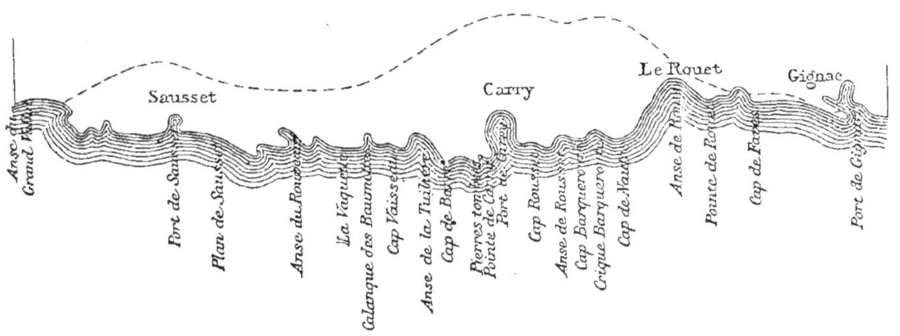

Fig. 1. — Croquis de la côte de Carry au 80000e.
La ligne ponctuée indique les limites de la formation tertiaire.

semble de la côte, où tous ces noms locaux seraient indiqués. C'est le but que je me suis proposé d'atteindre dans le croquis ci-dessus (fig. 1).

Si l'on excepte les lambeaux peu importants de conglomérats rougeâtres, à gros blocs peu roulés, d'origine principalement locale, qui s'appuient sur les couches de la craie supérieure à partir du port de Gignac, et plongent rapidement sous la mer, il faut s'avancer à l'ouest presque jusqu'à l'anse du Rouet-de-Carry pour observer un certain développement des couches tertiaires.

Le promontoire du cap de Faves, situé à l'est de la pointe du Rouet, dont il est séparé par l'étroit *ravin des eaux salées*[1] contient les premiers documents paléontologiques que l'on puisse recueillir dans ces couches clastiques inférieures.

La coupe du cap de Faves, vu de l'Ouest, comprend de bas en haut :

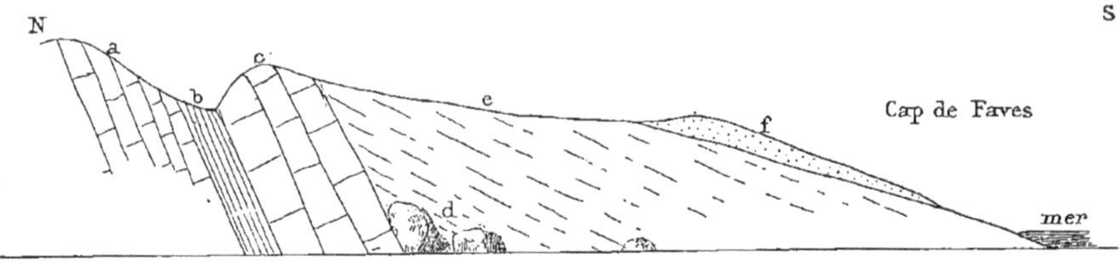

Fig. 2. — Coupe du cap de Faves, à l'est du ravin des eaux salées.

a. Calcaire clair, rose, gris.
b. Marne argileuse à feuillets gypseux ou spathiques ; traces de lignite.
c. Calcaire clair, tacheté de rose, d'aspect travertineux.

L'ensemble *a*, *b*, *c*, en couches très redressées, m'a paru appartenir à la craie inférieure : *a* est le calcaire à Réquiénies, *b* représente peut-être l'aptien ; l'âge de *c* est indéterminé.

Au-dessus on voit reposer en discordance et sous une inclinaison assez faible les couches tertiaires suivantes de bas en haut.

d. Marne noirâtre.
e. Marne foncée ; grès ; cailloux, la plupart noirâtres, débris d'*Ostrea.*
f. Grès jaune, caillouteux : débris de *Pecten*, *Ostrea cf. tegulata*, Munst.

Le promontoire qui limite l'anse du Rouet du côté oriental (pointe de Rouet) et porte sur son sommet une petite

(1) Ce nom provient de la présence, au débouché de ce ravin dans la mer, d'une source salée volumineuse, jaillissant des fissures des rochers urgoniens. Le principal déversoir de cette source est situé à quelques mètres du rivage et son altitude n'atteint pas 2 mètres au-dessus du niveau de la mer, mais il existe en outre quelques petits suintements d'eau salée à un niveau un peu plus élevé du même ravin. L'origine de cette source est assez difficile à comprendre, en l'absence de trias et de tout autre terrain salifère dans la région.

chapelle, présente la coupe suivante des couches détritiques inférieures de la formation tertiaire.

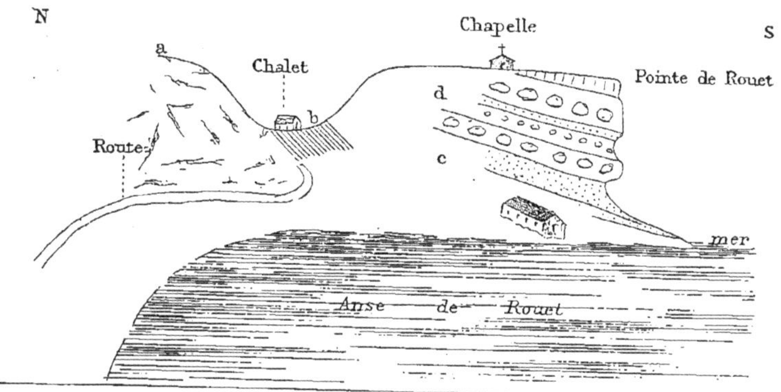

Fig. 3. — Coupe du promontoire de Rouet, vue du côté de l'ouest.

a. Calcaire à Réquiénies.
b. Marnes noirâtres (1) à filets spathiques.

L'anse du Rouet avec son port et ses anciennes salines est creusée en grande partie dans ces marnes, qui donnent naissance à un marais. Dans la coupe n° 3, ces marnes dessinent un petit col au niveau duquel est construit un chalet. Entre ce col et la mer, se dresse le promontoire du Rouet dont le plateau porte une chapelle. Il est composé en entier par le terrain tertiaire qui comprend de bas en haut :

c. Sable rouge-brique, avec un banc de grès caillouteux intercalé vers le tiers supérieur. 5m

d. Conglomérat grossier composé de calcaire urgonien, de calcaires divers, gris, noirs, rougeâtres, d'apport lointain ; blocs ; lits, lentilles de sable argileux rouge-brique ; moules de bivalves vers la partie supérieure. . 30m

L'épaisseur totale de ces couches clastiques est de 25-35m, et leur inclinaison vers la mer est assez prononcée

(1) Ces marnes noirâtres forment entre l'urgonien et la formation tertiaire de Carry une bande qui se poursuit assez loin vers l'ouest. J'y ai recueilli le long de l'ancienne route de Carry au Rouet une Amnonite à côtes bifurquées, qui m'a paru se rapporter à l'*Ammonites fissicostatus*. Ces marnes semblent donc être les analogues des marnes aptiennes du ravin de Gueule-d'Enfer qui reposent également sur l'urgonien, sur le versant opposé de l'anticlinal de la Nerthe. (Ch. Depéret.)

L'anse du Rouet interrompt momentanément la continuité des strates tertiaires, le fond de cette anse étant formé par les calcaires urgoniens. Mais la coupe de son bord occidental (fig. 4) montre les conglomérats inférieurs, visibles de loin grâce à leur teinte générale rougeâtre, plongeant à l'ouest sous une nouvelle série de couches, dont la succession est la suivante de bas en haut.

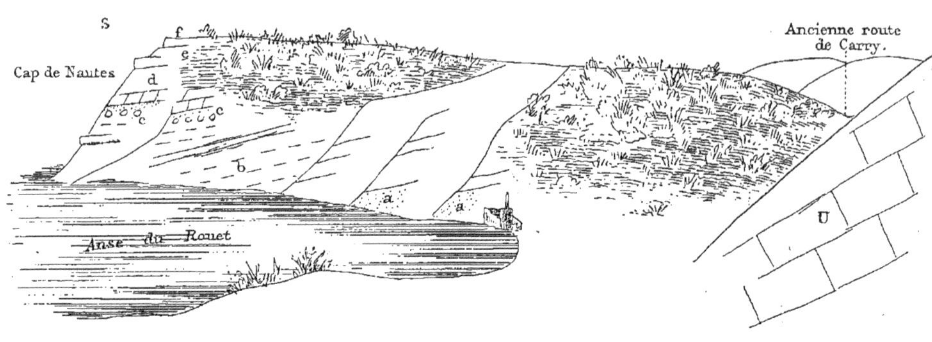

Fig. 4. — Coupe du bord occidental de l'anse du Rouet de Carry.

U. Calcaire à Réquiénies.

a. Grès rouge-brique, fin à la base, subordonné vers le haut à des couches caillouteuses grossières. Il semble que les cailloux de ce conglomérat qui sont impressionnés, ont raviné les grès préexistants. En tous cas, les cailloux apparaissent assez brusquement; ils sont de volume variable, mélangés indistinctement et à peine arrondis. 3-4m

b. Sable argileux; grès jaune clair *in* conglomérat. Peu à peu le conglomérat cesse et on voit apparaître des marnes bigarrées grises, jaunes, rougeâtres (cap de Nautes), avec lits noirâtres. Fossiles à test blanc : Huîtres plissées, Bivalves *(c)*; Turritelles; faune peu variée. *Pecten subpleuronectes* dans le haut. 6-8m

c. Banc à polypiers. 0,40

Sable jaune à *Pecten subpleuronectes*, Huîtres, même faune que dessous.. 0,50

Bancs calcaires à nombreux moules: Bivalves (c), Natices (c), Lucines, Cyrènes, *Pecten subpleuronectes*. 1-1m,50

d. Marne et sable jaune à *Pecten subpleuronectes;* petites Huîtres plissées ; banc compact et faune variée. 8m

Marne grise : Huître (analogue à une Huître des marnes de l'École d'agriculture de Montpellier). 5m

e. Banc compacte à moules variés : *Cerithium margaritaceum*. . . . 0,60
Marne grise et jaune : *Corbula cf. carinata,* Huîtres plissées. 2-2m,50
Banc compacte à conglomérat. 0,60
Marne jaune ; calcaire coquillier : *Mytilus Michelini*, *Cerithium margaritaceum*, gros *Murex*, grosses Cyrènes. 1m
Grès gris.

f. Calcaire coquillier jaune et lie de vin, sable marneux, fin, jaune. . . } 2m
Banc à Bryozoaires *(Retepora)* formant le sommet du plateau. . . . }

Environ 32m

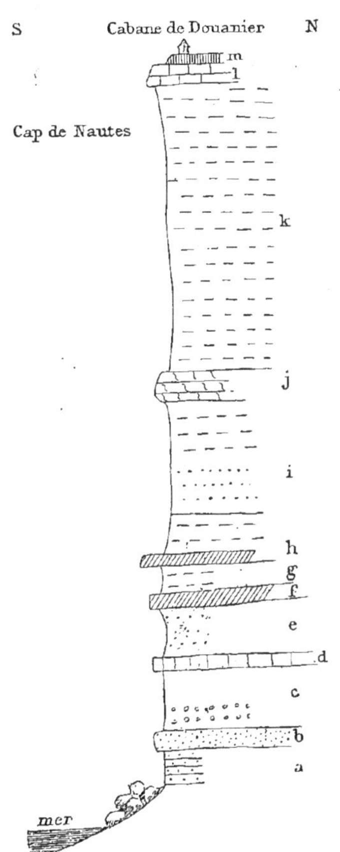

FIG. 5. — Coupe de la falaise du cap de Nautes.

Cette même succession peut être relevée d'une manière

fort claire dans la falaise escarpée du cap de Nautes, au sommet duquel se trouve une petite cabane de douanier (fig. 5).

a.	Alternance d'argiles grises, rouge-brique, sans fossiles ni cailloux, visible sur.	1m
b.	Argile dure jaune, sans fossiles.	0,50
	Transition assez brusque.	
c.	Marne grise, caillouteuse à la base.	2m
d.	Banc gréso-marneux compact.	0,40
e.	Marne grise et jaune à fossiles blancs : turritelles.	2m
f.	Banc calcaire à polypiers.	0,50
g.	Sable à *Pecten subpleuronectes*, très argileux, blanchâtre : banc de Lucines, à test blanc pulvérulent, vers le haut.	1m
h.	Banc calcaire : *Strombus*.	0,50
i.	Sable à Lucines, *Pecten subpleuronectes*, *Strombus*, *Conus*. Conglomérat peu épais. Marne jaunâtre à nodules crayeux.	5m
j.	Calcaire blanchâtre noduleux. *Ostrea cf. tegulata*. Polypiers. . . .	0,60
k.	Couches marno-gréseuses alternantes à faune saumâtre : moules de Bivalves, Cyrènes, *Mytilus Michelini*, *Cerithium plicatum*, *margaritaceum*.	10m
l.	Mollasse gréseuse rougeâtre à fossiles spathiques et *Retepora*. . . .	1m
m.	Grès à fossiles spathiques.	0,60
	Environ	27m

En examinant des bords du rivage ou mieux encore d'une certaine distance en mer cette falaise du cap de Nautes et

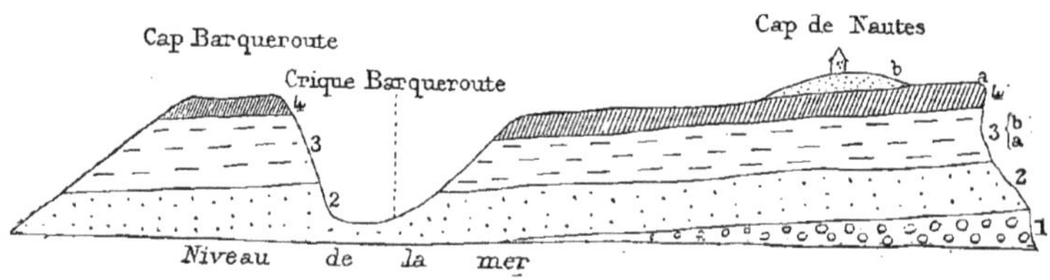

Fig. 6. — Croquis des falaises du cap de Nautes et du cap Barqueroute, vus de la mer.

celle du cap Barqueroute qui lui fait suite à l'ouest; on peut dessiner le croquis ci-dessus (fig. 6) qui montre la superposition de ces diverses assises et leur plongement régulier vers l'ouest, grâce auquel les couches perdent peu à peu de leur altitude et tendent à se rapprocher du niveau de la mer.

On peut reconnaître dans ce premier ensemble une succession d'assises distinctes par leurs caractères pétrographiques et paléontologiques, qui peuvent être résumés de la manière suivante de bas en haut (fig. 6).

1. Argile grise et rouge-brique avec intercalation de lits de cailloux. — Sable et banc dur à la partie supérieure.
2. Couches à *Pecten subpleuronectes*, et banc de polypiers.
3. *a*. Lumachelle de bivalves (corbules, lucines, cyrènes); fossiles à test blanc.
b. Couches marno-gréseuses à *Cerithium margaritaceum*, *plicatum*, *Mytilus Michelini*, grosses Cyrènes.
4. *a*. Mollasse jaune et rouge à fossiles spathiques : couches à Turritelles.
b. Banc à *Retepora*.

Du sommet du plateau du cap de Nautes, on redescend la série à l'ouest sur la crique de Barqueroute, et on rencontre successivement à partir de l'entablement supérieur à *Retepora :* la mollasse jaune et rouge à fossiles spathiques; les grès à Cérithes, Mytiles, Cyrènes; les marnes à Lucines et Cyrènes; enfin les couches à *Pecten subpleuronectes*, qui présentent des deux côtés de l'anse de beaux affleurements.

Le cap Barqueroute qui vient ensuite n'est que la reproduction du cap de Nautes, avec les couches à *Pecten subpleuronectes* à la base, et le banc dur à *Retepora* au sommet, comme l'indique le croquis n° 6. Ce cap forme le bord oriental d'une nouvelle crique, connue sous le nom de calanque Rousset ou Car-Rousset, et séparée seulement du port de Carry par la falaise allongée et abrupte du cap Rousset.

En s'élevant sur le bord occidental de la calanque Rousset, on retrouve la série déjà indiquée par les coupes précédentes, à l'exception de la base détritique et de la zone inférieure à *Pecten subpleuronectes* qui n'affleurent plus. En revanche, on observe au-dessus du banc dur à *Retepora* une nouvelle série de couches qui ne s'étaient pas encore montrées dans les coupes prises à l'est de ce point. La succession générale est la suivante de bas en haut (fig. 7).

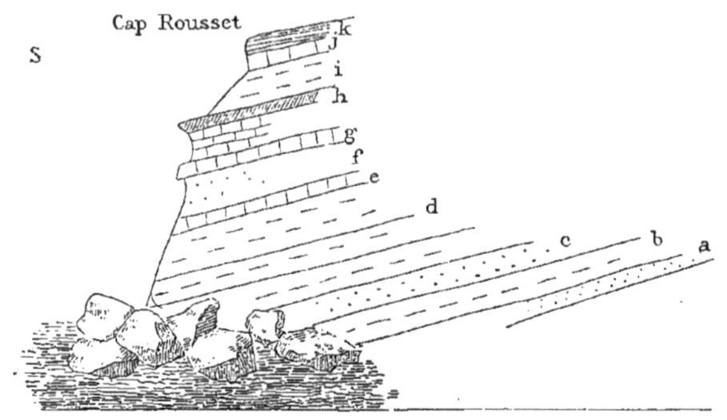

FIG. 7. — Coupe de la falaise du cap Rousset, sur le bord occidental de l'anse Rousset.

a. Marne bleue à fossiles blancs : lucines, corbules, etc.

b. Sable jaune à petites Huîtres plissées.

c. Banc de grès dur à Cérithes : *Cerithium plicatum, margaritaceum. Pecten subpleuronectes.*

d. Marnes sableuses à moules de Bivalves : Cyrènes, Huîtres plissées.

e. Banc calcaréo-siliceux rougeâtre à Turritelles en masse, Cyrènes, *Corbula revoluta.*

f. Sable jaune à Huîtres plissées.

g. Banc coquillier, calcaire à Cyrènes, Huîtres, *Mytilus Michelini, Cerithium plicatum, margaritaceum,* gros *Murex,* etc.

h. Banc à *Retepora* et plusieurs espèces des bancs sous-jacents.

i. Marne sableuse grise, avec fossiles à test blanc : Turritelles, *Anomalocardia, Cytherea, Pecten.* 4-5m

j. Calcaire marno-sableux et sable jaune ; mollasse gréseuse fine et blanchâtre : *Cerithum pictum.* 1m,50

k. Mollasse coquillière lie-de-vin par places ; fossiles rares : Turritelles. . 2m

Il n'y a aucune difficulté à retrouver dans cette coupe en *a-d* la zone saumâtre à Cyrènes et Cérithes avec la couche à Lucines et fossiles à test blanc à la base *a ;* puis la mollasse calcaréo-siliceuse rougeâtre à Turritelles *e*, qui acquiert ici une plus grande épaisseur et se termine supérieurement, comme dans les coupes précédentes, par un banc dur à Rétépores *h*. Les couches supérieures *ik* forment une nouvelle assise qui manquait aux autres coupes et qui consiste à la base en bancs marneux avec petits fossiles bien conservés (Arches, Turritelles, Cythérées, etc.), surmontés par une mollasse gréseuse grise et lie de vin, destinée à acquérir plus à l'ouest un plus beau développement.

Ces différentes couches se poursuivent sur la falaise allon-

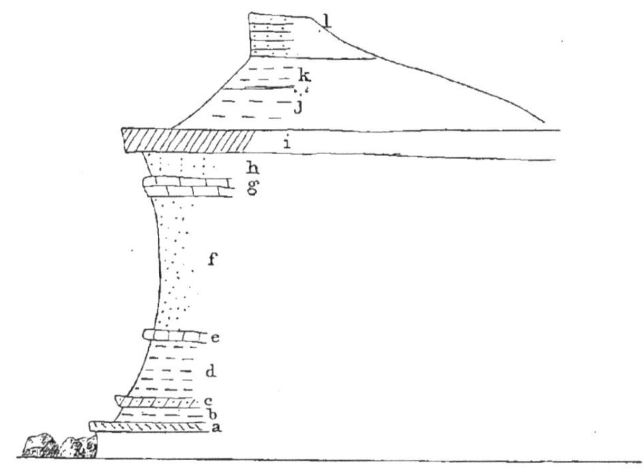

Fig. 8. — Coupe de la pointe orientale du port de Carry.

gée du cap Rousset avec une allure ondulée, grâce à laquelle les strates, après avoir éprouvé un affaissement notable sur le milieu de la longueur de cet escarpement, relèvent ensuite leurs tranches vers l'anse de Carry, qui correspond à une petite voûte de l'ensemble de la formation tertiaire.

Si l'on étudie la pointe qui limite le port de Carry du côté de l'est, dans la direction du cap Rousset, on peut relever une coupe analogue à la coupe n° 7, et qui présente un certain nombre de détails intéressants. Cette coupe (fig. 8) montre la succession suivante de bas en haut :

a.	Beau banc marneux à Polypiers.	0,30
b.	Marne sableuse à fossiles blancs et Cérithes : *Cerithium plicatum*, *margaritaceum*.	0.30
c.	Banc dur à Cérithes.	0,30
d.	Marnes sableuses avec lumachelle de bivalves, Cyrènes, Cérithes. . .	0,25
e.	Sable plus fin ; fossiles rares.	0,25
f.	Sable fin, jaune, sans fossiles, alternant avec des couches compactes à bivalves : *Pecten*, *Cardium*, *Mytilus*.	6m
g.	Mollasse calcaréo-siliceuse, ferrugineuse : couches à Turritelles, *Panopæa*, *Pecten*, *Ostrea*, *Cardium*, *Scalaria* test souvent siliceux.	1m
h.	Sable fin jaunâtre, agglutiné.	1m,50
i.	Banc gréseux à *Retepora*.	0,50
j.	Marne gris bleuâtre à fossiles blancs : *Arca*, *Venus*, *Natica*, *Turritella*, Dentales, Huîtres.	2m
k.	Marne sableuse jaune ; mêmes fossiles que dessous ; concrétions ferrugineuses.	1m
l.	Grès rougeâtre, à débris fossiles rares : moules de *Lutraria; Pecten subpleuronectes* (fragments).	2-3m
	Environ.	18m

Les couches marno-gréseuses supérieures à l'entablement gréseux à *Retepora* forment ici des buttes coniques isolées dont on peut se faire une idée par celle qui se trouve figurée dans la coupe n° 8 ; ces terrains, ravinés par les eaux, indiquent l'ancienne continuité de cette assise ; mais plusieurs de ces témoins ne tarderont pas à disparaître sous l'action du ruissellement.

Le vallon de Carry correspond à une petite voûte entamée par l'érosion jusqu'au niveau des marnes et sables jaunâtres à Cyrènes, Cérithes, et moules nombreux de bivalves. Cette mollasse sableuse jaune affleure au niveau de la mer des deux côtés de l'anse. Du côté occidental, la série qu'elle supporte présente quelques petites différences avec celle du bord oriental (fig. 8) et surtout elle se complète à sa partie supérieure par l'adjonction de nouvelles assises, comme l'indique la coupe suivante de ce promontoire, connu sous le nom de *parc de Carry* (fig. 9).

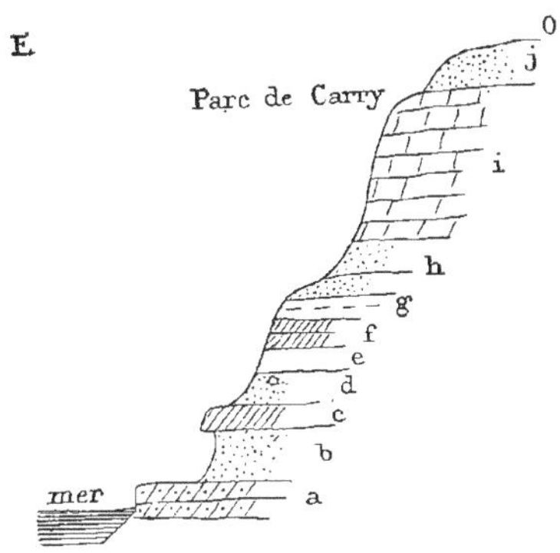

Fig. 9. — Coupe de la falaise occidentale du parc de Carry.

a.	Banc dur gréseux, jaunâtre à Rétépores, Turritelles, Polypiers (mollasse jaune et rouge à Turritelles	1m
b.	Sable jaune et rouge par places	1,50
c.	Banc dur gréseux jaune ou gris à *Retepora*, Cérithes *(C. margaritaceum)*, Bivalves	0,50
d.	Marne sableuse brune et rouge à Anomies	4-5m
e.	Mollasse sableuse jaune à Huîtres plissées	
f.	Mollasse jaune et rougeâtre à Lucines, Turritelles, Pecten, Huîtres plissées	
g.	Marne bleue à fossiles à test blanc	1m
h.	Sable jaune calcaréo-siliceux à *Pecten*, *Retepora* (r.)	2m
i.	Mollasse dure jaune et rouge, gréso-silicieuse. Banc de polypiers aff. Mérignac, *Pecten* de grande taille; *Pecten substriatus*, *P. cf. varius* de Cucuron; *Lithodomus*, Gastropodes; Scutelles; couche lie de vin à la partie supérieure	8-10m
j.	Grès et sable jaune : *Lutraria*, *Thracia*	3m
	Environ	23m

Cette coupe étant prise vers le milieu du promontoire du parc de Carry, les couches à Cyrènes et Cérithes du fond de l'anse n'affleurent plus, par suite du plongement assez marqué de tout le système vers la mer. Le premier banc qui se montre au niveau de l'eau est le banc à Turritelles spathiques *a* qui occupait un niveau assez élevé dans les coupes précédentes; puis viennent les couches à Rétépores *b*-*h* et on voit que ces Bryozoaires, au lieu de former un seul et mince niveau comme on l'a vu jusqu'ici, sont disséminés dans un ensemble de couches, et s'élèvent même, quoique devenus rares, au dessus des marnes bleues à fossiles blancs représentées dans cette coupe par la couche *g*. Mais l'assise le plus intéressante de cet ensemble est constituée par la mollasse calcaréo-siliceuse *i*, jaune, rouge ou lie de vin par places; cette mollasse contient un beau banc à Polypiers, accompagnés d'une faune nombreuse qui diffère de celle des zones précédentes par la disparition des Cyrènes, Corbules, Mytiles et autres bivalves, et par l'abondance des *Pecten*, des Gastropodes et des Oursins du genre *Scutella*.

La tranchée de la grande route de Carry à Sausset (fig. 10),

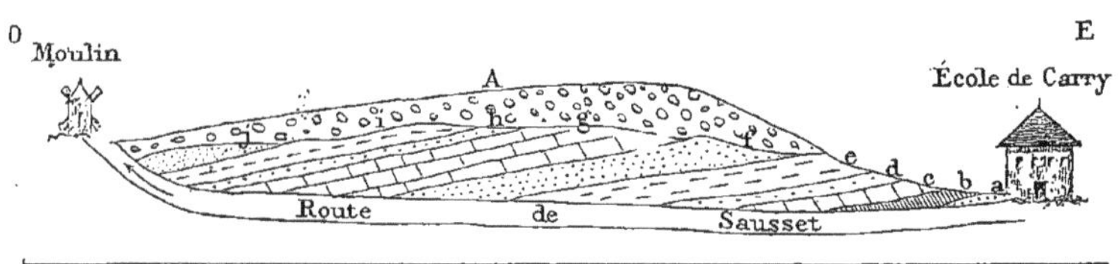

FIG. 10. — Tranchée de la route à Carry, après la maison d'école.

immédiatement à l'ouest de la maison d'école de Carry, permet d'examiner aisément la série des mêmes couches à partir de l'affleurement des couches à Turritelles et *Retepora*.

a.	Banc à *Retepora*.	0,60
b.	Calcaire jaune marno-sableux, concrétionné, passant à un dépôt sableux.	1m
c.	Banc à Turritelles (c. c.) : *Cardium*, *Arca*, *Venus*	1m
d.	Banc plus sableux; empreintes ferrugineuses, bois, etc.	1m

e. Marne grise ; lits blanchâtres et ferrugineux ; fossiles à test pulvérulent, assez abondants vers le haut. 3m

f. Sable fin, marneux ; taches ferrugineuses, bois fossile. 1-2m

g. Sable et bancs calcaires, concrétionnés, très durs, très fossilifères : grosses Turritelles, *Cardium*, *Arca*. Le sable disparaît peu à peu ; horizon des Polypiers et du *Pecten cf. varius*. 4-5m

h. Sable fin tacheté lie de vin. 0,50

i. Marne sableuse lie de vin passant en haut à un sable jaune ; petits bivalves. Le sable dans le haut se concrétionne et se remplit de fossiles formant lumachelle. 2m

j. Couche de sable jaune fin, parties plus marneuses, parfois rougeâtres. . 1-2m

A. Alluvions quaternaires, formées de sables rougeâtres et cailloux anguleux, recouvrant le plateau.

Les couches du parc de Carry inclinent rapidement vers la

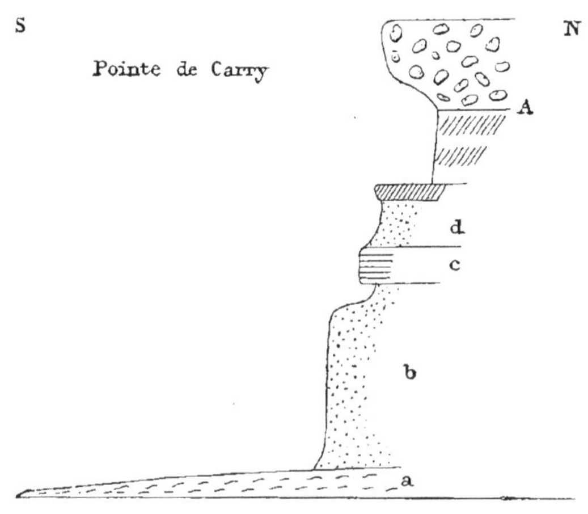

Fig. 11. — Coupe de la pointe occidentale de Carry.

mer, de sorte que, à l'extrémité de la pointe, le banc à polypiers *i* de la coupe n° 9 descend jusqu'au niveau de la mer. Au-dessus, on observe la série de couches suivante (fig. 11) :

a. Banc rougeâtre à Polypiers ; *Pecten* vers le haut.

b. Sable fin concrétionné, blanchâtre : Huître de grande taille très abondante ;

polypiers; *Pecten substriatus*, *Pecten* (espèce de M. Matheron à côtes arrondies). 3-4m

c. Couche marneuse lie de vin. . . . .

d. Sable jaune fin, gréseux vers le haut. 2m

A. Alluvions anciennes anguleuses, à éléments de différentes grosseurs, divisible en deux couches : à la base, terre sablo-marneuse, lits, lentilles de cailloux anguleux ; quelques blocs de mollasse. 3m

Au sommet, cailloutis à ciment plus sableux, à éléments plus serrés, plus gros ; blocs volumineux. 3m

Le croquis suivant montre dans son ensemble la composition géologique de la falaise occidentale du port de Carry, (fig. 12).

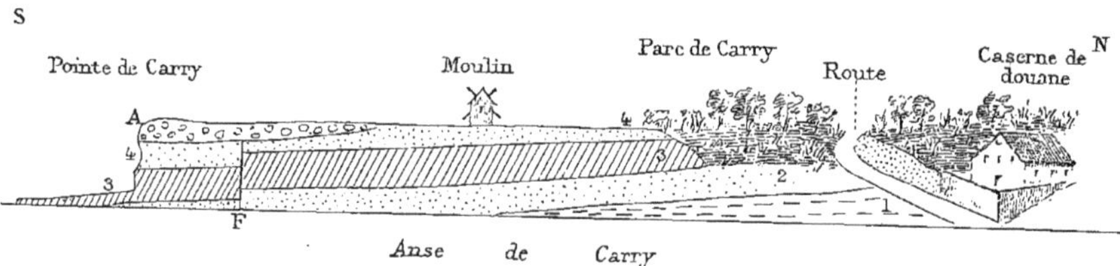

Fig. 12. — Vue générale du promontoire occidental du port de Carry.

1 Sables et grès à *Retepora*, Turritelles, *Pecten*.
2 Sable jaune peu fossilifère.
3 Couches calcaréo-siliceuses à Polypiers, *Pecten varius*, *Ostrea*.
4 Marne lie de vin et sable jaune gréseux.
A. Alluvions quaternaires.
F. Faille locale.

Si de la pointe de Carry, on se dirige à l'ouest en doublant cette pointe, on se trouve bientôt en face d'un escarpement dont le pied est jonché d'énormes blocs éboulés du sommet, qui ont fait donner à ce chaos le nom expressif de *Pierres tombées* ou pointe de la Navarre. Cette falaise (fig. 13) permet d'étudier facilement la composition détaillée des assises supérieures au banc rouge à Polypiers, sur lequel on marche au niveau de la mer. D'ailleurs toutes les coupes que nous avons encore à relever à l'ouest à partir de ce point ne nous montrent plus que des couches supérieures à ce banc à Polypiers, point de repère facile à retrouver partout, grâce à l'abondance de ces Radiaires et des Mollusques qui les accompagnent, et aussi grâce à son facies noduleux et à sa couleur générale lie de vin.

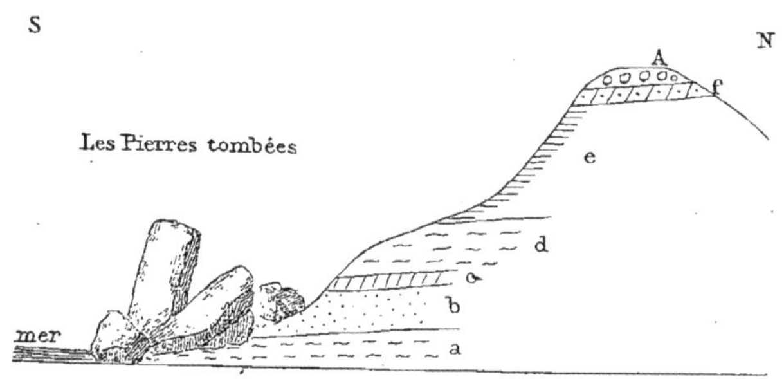

FIG. 13. — Coupe des Pierres tombées, à l'ouest de Carry.

a. Banc rouge à Polypiers, *Pecten*, etc.

b. Grès rouge à la base, jaune au sommet.

c. Mollasse gréseuse rose à innombrables Lucines; *Cerithium plicatum*, *Chenopus* (banc à Lucines et Cérithes).

d. Banc à *Pecten* et Huîtres plissées, *Murex*, *Arca*.

e. Marnes brunes et rouges (argile à tuiles), mêmes *Pecten* et *Ostrea* que dessous.

f. Sables et grès : *Pecten*, Huîtres, *Amphiope*.

A. Cailloutis quaternaire passant à la base à une argile sableuse rouge.

A l'ouest des Pierres tombées se trouve une petite anse (anse des Bano), que la pointe ou *cap de Barre* sépare de la belle calanque de la Tuilière, dont la pointe occidentale se prolonge assez avant dans la mer et porte le nom de *cap Vaisseau*, probablement en souvenir d'un ancien naufrage.

Dans ce parcours, les couches tertiaires continuent d'incliner légèrement vers l'ouest, mais assez faiblement pour que le banc rouge à Polypiers ne cesse guère d'affleurer à peu près au niveau de la mer. Aussi est-il facile en suivant le rivage d'étudier la succession régulière des couches qui surmontent ce banc, et qui sont, en général, remarquables par l'abondance et le bon état des fossiles.

Le croquis n° 14 donne la composition détaillée de la côte depuis les Pierres tombées jusqu'au cap Vaisseau :

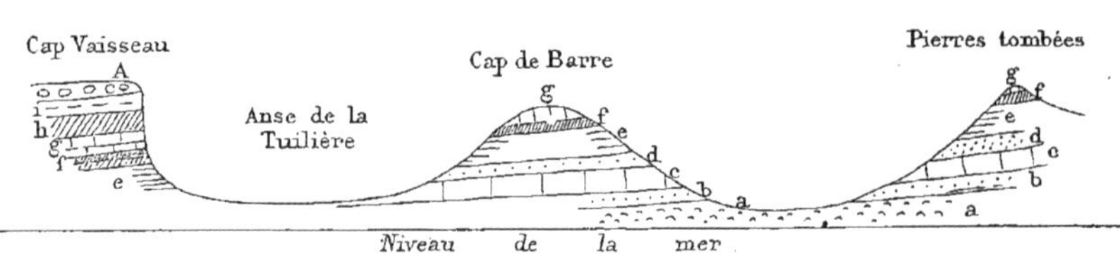

Fig. 14. — Profil géologique du rivage entre les Pierres tombées et le cap Vaisseau.

Au cap de Barre, se montre la série suivante de bas en haut :

a. Banc rouge à Polypiers.

b. Grès jaune à Huîtres.

c. Mollasse gréseuse à Lucines spathiques (banc rose à Lucines).

d. Banc sablo-gréseux à Peignes et Huîtres.

e. Argile à tuiles brune et lie de vin, exploitée près de l'anse de la Tuilière; même *Pecten* que dessous.

f. Sable jaune.

g. Calcaire gréseux jaune et rouge à faune variée : *Cardium*, *Turritella turris*; Scutelles; *Amphiope* à la base.

Le point le plus digne d'intérêt dans cette succession régulière consiste dans l'apparition au-dessus du banc à Polypiers *a* et du banc à Lucines et Gastropodes *c* qui se rattachent intimement l'un à l'autre, d'une nouvelle assise formée à la base d'argiles brunes et rouges *e* à faune peu variée, et terminée par des couches calcaréo-gréseuses caractérisées par l'abondance des Turritelles et des *Amphiope* : aussi désignerons-nous dorénavant cette assise sous le nom de *couches à Amphiopes*.

C'est à partir du cap Vaisseau, dans la calanque des Beaumettes et à l'ouest que cet horizon à Scutelles et Amphiopes prend un beau développement, comme l'indique le profil n° 14.

Sur les pentes du cap Vaisseau, on peut relever la succession suivante de bas en haut :

e. Argile brune et rouge.

f. Petite couche de sable fin : Huîtres plissées (c.) ; quelques cailloux.

g. Banc concrétionné : *Cerithium plicatum*, Turritelles, Lucines spathiques, Polypiers, Amphiopes ; cailloutis anguleux. 0,70

h. Sable marneux à *Cardium*, Lutraires. 2m,50

i. Banc à Turritelles spathiques (c) ; niveau des Scutelles de grande taille. 2m

A. Cailloutis quaternaire.

Il convient de signaler dans cette coupe la richesse remarquable du banc à Turritelles et Lucines, qui contient une riche faune de Gastropodes et de Lamellibranches agglomérés dans plusieurs couches calcaréo-gréseuses compactes, fort dures.

Les fossiles spathiques forment corps avec la roche, mais heureusement l'action de la pluie et même des hautes vagues de la mer agit sur les surfaces de ces bancs et sculpte pour ainsi dire les fossiles qu'il devient alors commode de dégager au ciseau dans un assez bon état de préservation.

Il est important aussi de faire remarquer l'apparition à plusieurs reprises au sein des couches à Amphiopes de cailloux anguleux, constituant des bancs d'une faible importance, mais qui témoignent déjà d'un léger changement dans les conditions de tranquillité au milieu desquelles avait eu lieu le dépôt des couches précédentes. Ces phénomènes de transport vont se manifester avec une intensité plus grande en nous élevant encore dans la série des dépôts miocènes et donneront lieu à la formation d'un conglomérat à cailloux volumineux, assez important et assez général pour être considéré comme le début d'un nouvel ordre de choses, qui coïncidera pour nous avec le commencement de *l'étage helvétien.*

La coupe suivante, prise à l'anse des Baumettes, entre le cap Vaisseau à l'est et la pointe de la Vaquette à l'ouest (fig. 15), nous montrera les relations des couches à Scutelles et Amphiopes avec la mollasse helvétienne à *Ostrea crassissima :*

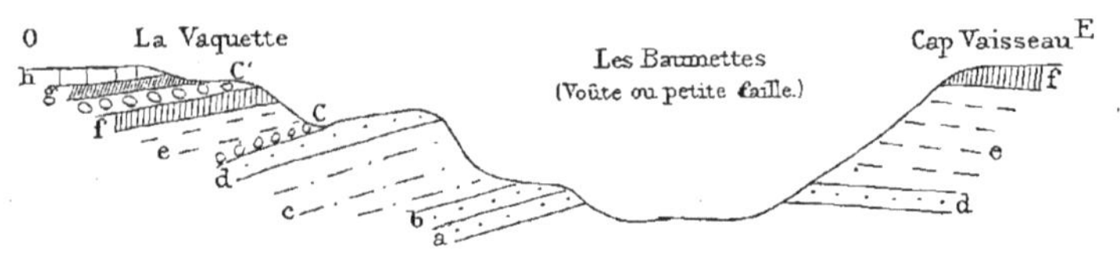

Fig. 15. — Profil géologique de l'anse des Baumettes.

a. Banc de grès gris peu fossilifère 0,40

b. Grès rose à faune très riche : *Amphiope* (c), *Turritelles*, *Cardium*, *Venus*, *Tapes*; petits Gastropodes dans le haut, *Pecten*, Huître de grande taille au sommet. 0,60

c. Marne brune et sable jaune à *Pecten*, Huîtres plissées. . . . . . 3-4^{m}

d. Grès fin à *Amphiope* (c. c.); faune variée : *Pleurotoma*, *Nassa*, *Turritella*, *Cardium*, Anomies, Huîtres. . . . . 1-2^{m}

G. Premier banc peu épais de *conglomérat;* petits et gros éléments noirâtres, de roches schisteuses, de quartz blanc. Débris d'Huîtres.

e. Sable à *Thracia*. . . . . 5-6^{m}

f. Calcaire coquillier lumachelle : débris d'Huîtres, de Turritelles. . . . 1-2^{m}

G'. Conglomérat à éléments verdâtres : schistes, roches siliceuses ; quelques gros cailloux. Ce conglomérat est moins local que le précédent.

g. Mollasse coquillière : gros *Fusus*, *Murex*. 0,50

h. Couche à *Ostrea crassissima*, gros *Mytilus* formant la surface du plateau.

Dans cette coupe, il faut remarquer le beau développement de l'assise à Amphiopes qui présente dans certains bancs calcaréo-gréseux de couleur rosée une faune de Gastropodes et de bivalves abondante et assez variée. Le premier banc de conglomérat C est intercalé vers la partie supérieure de cette assise, mais ne m'a paru avoir qu'une importance toute locale.

Il en est tout autrement du banc de conglomérat C′, formé de cailloux verdâtres, parfois d'assez gros volume, dont le charriage a dû coïncider avec un changement important dans les conditions de la sédimentation marine, d'autant plus que ce conglomérat n'est pas formé de roches locales, mais se compose d'éléments dont le point de départ a été fort éloigné. Ces éléments sont d'ailleurs tout à fait semblables à ceux du conglomérat que j'ai signalé à diverses reprises vers la base de la mollasse *helvétienne* depuis le département de l'Ain jusqu'aux bords de la Méditerranée.

A l'ouest de l'anse des Baumettes, et jusqu'à Sausset, le plateau uniforme et boisé, dont le sous-sol est formé par la mollasse à *Ostrea crassissima* et à grands *Mytilus*, n'est découpé que par le petit ruisseau peu profond du Rouveau, que franchit la grande route.

La tranchée de cette route, à la descente vers le fond de l'étroite vallée, montre nettement le conglomérat à cailloux verdâtres, placé à la base de la mollasse helvétienne, comme le montre la coupe (fig. 16) de ce petit vallon du Rouveau :

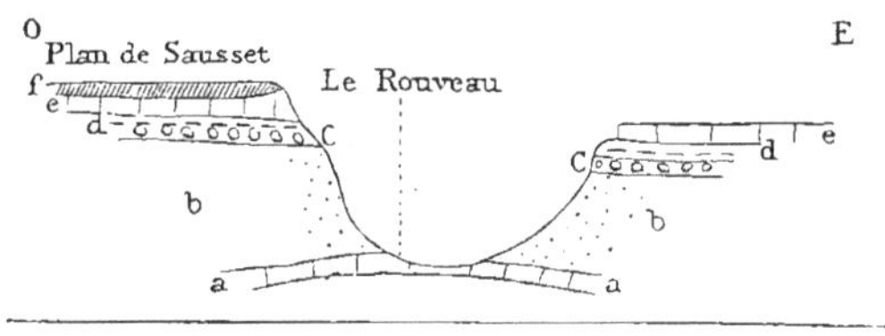

Fig. 16. — Coupe du vallon du Rouveau.

a. Couche à *Amphiope*, *Nassa*, *Pleurotoma*.

b. Sable jaune à *Pecten*, Huîtres plissées.

C. Conglomérat à gros cailloux verdâtres.

d. Mollasse coquillière : très gros *Fusus, Murex*.

e. Couche à *Ostrea crassissima*, *Mytilus*.

f. Calcaire blanchâtre à *Cardium*, *Venus* (moules); cailloux verdâtres.

Le *plan de Sausset*, plateau boisé qui s'étend à l'ouest jusqu'à ce village est couvert d'*Ostrea crassissima* et *gingensis*, mêlés dans le même banc. La couche *d* immédiatement inférieure avec Huîtres contient de gros *Mytilus*, de grosses Balanes, *Pecten*, *Cardita Jouanneti* (moule), *Turbo* de la Touraine, et recouvre immédiatement le conglomérat.

Si, au lieu de prendre la grande route de Sausset qui ne quitte pas la couche à *Ostrea crassissima*, on suit le rivage à partir de l'anse de Rouveau, on peut voir encore affleurer, jusqu'à mi-chemin environ entre cette anse et le port de Sausset, quelques-unes des strates inférieures à la mollasse helvétienne, comme l'indique la coupe suivante (fig. 17.)

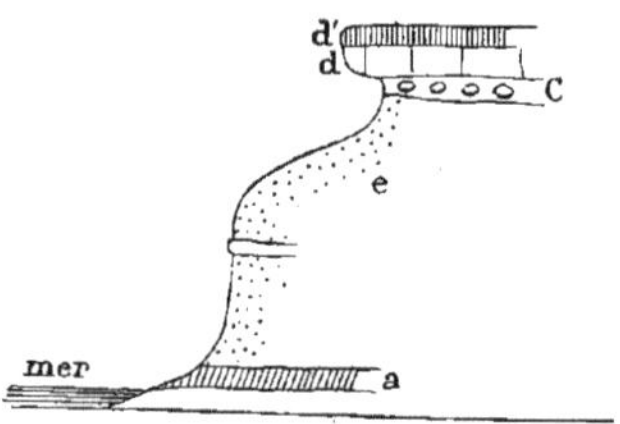

Fig. 17. — Coupe du rivage entre le Rouveau et Sausset.

a. Banc dur à *Turritella turris*, *Natica olla*, *Pleurotoma ramosa*, *Nassa*, *Amphiope bioculata*.

b. Sable jaune sans fossiles.

c. Sable jaune.

C. Conglomérat à cailloux verdâtres. 0,50-0,60

d. Banc à *Ostrea crassissima* et *gingensis*; *Panopœa*, *Mytilus*.

d'. Calcaire à *Cardium*, *Venus*, *Scutella cf. Paulensis* ; gros blocs; cailloux verdâtres.

Le banc rose ou blanchâtre *a* est remarquable par l'abondance des Gastropodes qu'il est facile de recueillir en bon état, lorsqu'ils ont été mis à jour par les actions atmosphériques.

En continuant de marcher vers l'ouest, la petite falaise s'abaisse progressivement, et bientôt on voit la mollasse helvétienne descendre en pente douce jusqu'au niveau de la mer, ne laissant plus affleurer les assises inférieures au banc à *Ostrea crassissima*. Celui-ci est remarquable par son épaisseur, et par l'abondance des individus pressés les uns contre les autres dans la position même où ils ont vécu et constituant à eux seuls toute la roche.

La couche à grandes Huîtres ne cesse pas de se montrer le

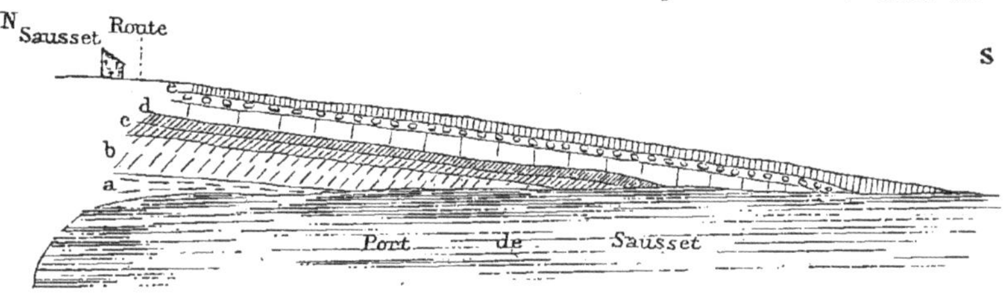

FIG. 18. — Coupe de la pointe orientale du port de Sausset

long du rivage jusqu'au port de Sausset. Mais en ce point, grâce à l'érosion assez profonde produite par la petite anse naturelle qui constitue ce port, on voit encore affleurer au-dessous du banc à *Ostrea crassissima* quelques couches intéressantes par leur richesse en fossiles. La pointe orientale du port de Sausset montre la succession suivante (fig. 18).

a. Sable marneux, ocre, fin, peu ou pas de fossiles : quelques moules de dimyaires. 1m,50

b. Calcaire plus ou moins marneux : concrétionné : *Pecten aff. Justianus* (c. c.) à la base; *Ostrea cf. Boblayei*, *Tapes*, *Cardita*, *Fusus*, Polypiers. 4,50

c. Calcaire gréseux à *Amphiope*, *Pecten aff. Justianus*, *Janira*. . . 1

d. Calcaire jaune et rose : *Natica*, *Chenopus*, *Pleurotoma*, etc.; faune nombreuse et variée *(faune de Sausset)* : quelques cailloux de quartz, petits, verdâtres à la surface. . . . . 0,60 *e.* Calcaire marneux à *Ostrea crassissima*, bivalves, etc. : *Conglomérat* à gros éléments à la base.

A la pointe occidentale du port de Sausset, les couches inférieures *a-d* ne se montrent plus, et l'on voit affleurer immédiatement au bord de la mer le conglomérat subordonné au banc à *Ostrea crassissima*, base de l'étage helvétien.

Au-dessus de ce banc les assises successives de cet étage se développent dans l'ordre suivant le long du chemin de la Couronne :

a. *Conglomérat* de cailloux verdâtres de petites dimensions, intercalé dans un calcaire rose : Scutelles de grande taille, énormes Balanes, *Pecten planosulcatus*, *P. cf. scabriusculus* de Beaumadalier, *Pectunculus*.

b. Grès dur : banc à *Ostrea crassissima et gingensis*, *Mytilus*, *Cardium*, Scutelles de grande taille. 0,60-0,80
Les Scutelles forment un banc à la partie supérieure de l'*O. crassissima*.

c. Grès dur blanc : *Venus*, *Cardium*, *Tapes*, grosses Lucines, Anomies, Turritelles, *Pecten aff. Vindascinus*, *Pecten planosulcatus*. 0,60-0,75

d. Marne sableuse jaune vif à moules de *Tapes*, *Arca* et *Clypeaster*, banc d'Huîtres à gros plis vers la base. 4m

e. Banc gréso-calcaire (faciès aff. Montségur) à Bryozoaires, Polypiers, *Pecten cf. pusio*, *Spondylus*, *Hinnites spinosus*, Scutelles de grande taille. 1m

f. Bancs à Bryozoaires. 5-6m

g. Couche plus marneuse à Bryozoaires ; quelques Bivalves jaune d'or. . . 1m,50

h. Banc grès blanchâtre à *Retepora*, très fossillifère : petits gastropodes très variés, petits Bivalves, *Pecten cf. Fuchsi*, jolie Turritelle. . . 1m

i. Grès à Lucines, test spathique (fond de la calanque).

A partir du banc à petits Gastropodes et à Lucines *h-i* qui forme plateau, les couches plongent en sens inverse et on revoit de nouveau toute la série jusqu'aux marnes dures superposées à l'*Ostrea crassissima ;* puis à la base et avant d'atteindre la falaise crétacée qui interrompt l'affleurement des couches tertiaires au fond de l'anse du Grand-Vallat, on observe un conglomérat de 6 à 8 mètres formé d'éléments de plus en plus gros vers le bas.

Je termine ici la description de la bande tertiaire du littoral de la Provence, qui à partir de Sausset appartenait déjà en entier à l'étage helvétien. Il en est de même de l'ensemble des affleurements tertiaires situés plus à l'ouest dans la direction de la Couronne : l'étude de ces affleurements sera réservée pour la seconde partie de ce travail.

RÉSUMÉ STRATIGRAPHIQUE GÉNÉRAL

En coordonnant les nombreuses coupes dont le détail vient d'être donné ci dessus, on arrive à établir la succession générale des couches qui composent la formation tertiaire de Carry. Ces couches se répartissent dans les sept assises suivantes de haut en bas.

Assise	Couche	Épaisseur
VII Mollasse marine helvétienne	*e.* Banc calcaire blanchâtre à *Retepora* et petits Gastropodes.	1^m
	d. Couches marneuses à Bryozoaires.	$7\text{-}8^m$
	c. Grès blanc et sable jaune à Bivalves (*Pecten planosulcatus*).	8^m
	b. Mollasse calcaire à *Ostrea crassissima* et Scutelles.	$1\text{-}2^m$
	a. *Conglomérat* à gros galets verdâtres.	0,60
VI Couches à Amphiopes et Turritella turris	*g.* Calcaire jaune et rose à Natices, Pleurotomes (faune de Sausset)	0,60
	f. Calcaire marneux à *Pecten aff. Justianus.*	$5\text{-}6^m$
	e. Sable jaune à Pecten et Huîtres plissées, *Lutraria*, *Thracia*.	$8\text{-}10^m$
	b. Grès rose à Amphiopes, Lucines spathiques, *Turritella turris*.	$5\text{-}6^m$
	a. Argile à tuiles brune et rouge.	$4\text{-}5^m$

Assise	Couche	Épaisseur
V Couches a Polypiers et Lucines spathiques	*e*. Sable gréseux à *Pecten* et Huîtres.	2^m
	d. Banc rose à Lucines et *Cerithium plicatum*. .	0,40
	c. Grès jaune à petites Huîtres.	2^m
	b. Marne lie de vin.	1^m
	a. Mollasse calcaire à Polypiers et *Pecten varius*. .	$8\text{-}10^m$
IV Mollasse jaune et rouge a Turritelles	*d*. Grès rougeâtre à *Lutraria*, *Pecten*, *Retepora*. .	$2\text{-}3^m$
	c. Marne gris bleuâtre à fossiles blancs.	$3\text{-}4^m$
	b. Banc à *Retepora*..	$1^m,50$
	a. Mollasse jaune et rouge à Turritelles, Panopées *(couches à Turritelles)*	$4\text{-}5^m$
III Sables et marnes saumatres a Cyrènes et Cérithes	*c*. Sables et marnes sableuses à moules de bivalves (Cyrènes, *Cardium*, *Mytilus Michelini)*, Cérithes.	$6\text{-}8^m$
	b. Banc dur à *Cerithium plicatum*, *margaritaceum*.	0,30
	a. Marnes grises à Lucines, Corbules, Cyrènes, etc. : fossiles à test blanc.	$3\text{-}4^m$
II Couches a Pecten subpleuronectes	*d*. Sables à *Pecten subpleuronectes*.	$7\text{-}8^m$
	c. Banc à Polypiers	0,50
	b. Marnes gréseuses à fossiles blancs. . . . . . . *a*. Marne grise caillouteuse à la base.	$6\text{-}8^m$
I Conglomérats inférieurs	*c*. Grès jaunâtre à *Ostrea cf. tegulata* et *Pecten*. .	$3\text{-}4^m$
	b. Conglomérat rouge-brique.	25^m
	a. Sable argileux rouge-brique.	5^m

F. FONTANNES, 1886.

II

DESCRIPTION, PALÉONTOLOGIE ET CLASSIFICATION

DES ÉTAGES TERTIAIRES DE LA COTE DE CARRY

PAR CHARLES DEPÉRET

Je me suis proposé dans la deuxième partie de ce mémoire de décrire successivement chacun des termes stratigraphiques qui composent les terrains tertiaires de la côte de Carry, et d'énumérer pour chacun d'eux les documents paléontologiques qui le concernent; enfin de discuter les parallélismes que, d'après l'étude de chacune de ces faunes, il m'a paru possible d'établir avec les assises tertiaires d'autres bassins.

Comme les divers horizons marins de la côte de Carry, antérieurs à l'*helvétien*, font défaut, dans tout le sud-est de la France — si l'on fait abstraction de quelques affleurements des environs de Montpellier — c'est dans des régions éloignées que je serai amené à chercher des termes de comparaison. Ceux-ci se trouvent principalement dans le bassin du sud-ouest de la France, dans celui de Vienne en Autriche, et en Italie sur le versant septentrional de la chaîne ligure.

J'étudierai donc de bas en haut les assises suivantes :

1° *Conglomérats rougeâtres inférieurs.*

2° *Sables et marnes gréseuses à Pecten subpleuronectes et Polypiers.*

3° *Couches saumâtres à Potamides plicatus, Cyrènes et Corbules.*

4° Mollasse jaune et rouge, calcaréo-siliceuse à *Turritella quadriplicata*, Rétépores et Polypiers.

5° *Grès à Amphiope perspicillata et Turritella turris.*

6° *Mollasse à Ostrea crassissima.*

I

Système Oligocène

A. *ÉTAGE AQUITANIEN*

I. Sous-étage inférieur.

1. CONGLOMÉRATS ROUGEATRES INFÉRIEURS

Le terme le plus inférieur de la formation tertiaire de Carry se compose d'une série de grès et de conglomérats grossiers, d'une puissance totale de 30 mètres environ, reposant transgressivement sur les divers étages des terrains secondaires, tantôt comme à Gignac sur les marnes sénoniennes ou sur les calcaires gréseux turoniens, tantôt comme dans l'anse du Rouet sur les marnes aptiennes et sur les calcaires compactes urgoniens.

La couleur générale de ce dépôt clastique est d'un rouge-brique vif, surtout intense dans les grès argileux fins qui sont vers la base de l'assise. Cette coloration est moins vive dans les conglomérats à éléments volumineux qui surmontent et ravinent les couches gréseuses inférieures, ainsi qu'on peut l'observer des deux côtés de l'anse du Rouet de Carry (fig. 3 et 4).

Enfin à la partie supérieure, se montrent, comme au cap de Faves (fig. 2) et à la pointe du Rouet, des grès jaunâtres un peu caillouteux, terme de passage entre les conglomérats inférieurs et les marnes gréso-sableuses auxquelles ces couches se trouvent subordonnées.

Dans les conglomérats grossiers qui constituent la plus grande partie de l'assise, les blocs les plus nombreux, les plus gros et les plus anguleux appartiennent au calcaire urgonien et proviennent sans aucun doute des falaises voisines; mais on y observe aussi des cailloux plus petits et plus roulés composés d'éléments de provenance lointaine, tels que : quartz, grès rougeâtres, calcaires noirs jurassiques, etc.

Les fossiles sont rares et peu variés dans cette assise caillouteuse et encore sont-ils exclusivement limités aux grès jaunâtres qui couronnent le conglomérat au cap de Faves et à la pointe du Rouet. Je n'y ai recueilli que les espèces suivantes :

Ostrea plicatula, L. *in* Hörnes, pl. 72, fig. 3-8. — Cette huître arrondie ou un peu ovalaire, plissée sur ses deux valves, à sillon ligamentaire large et peu profond, à bourrelets larges et plats, ornée de stries granuleuses vers la partie supérieure du bord palléal, est conforme au type du bassin de Vienne. C'est elle qui compose la plus grande partie du banc d'huîtres du cap de Faves. Je ne pense pas, qu'elle ait encore été signalée à un niveau aussi bas des terrains tertiaires.

Ostrea hyotis, Lam., var. *oligocenica*. Dep. (pl. I, fig. 9). — Huître pourvue sur ses deux valves de larges plis peu nombreux, lamelleux et subépineux. Elle appartient certainement au groupe de l'*Ostrea hyotis*, Lam., vivante dans la mer des Indes, mais elle n'est pas absolument identique à celle-ci. Elle en diffère par sa forme en général plus ovalaire, par son test plus épais, enfin parce que les lamelles subépineuses de ses plis ne se prolongent pas comme dans l'espèce vivante en longues épines semi-tubuleuses. Les autres caractères, tels que la forme de la surface ligamentaire, au canal peu profond, aux bourrelets plats et peu saillants, la présence de plissements transverses, irréguliers de chaque coté de la charnière, la forme de l'impression musculaire, sont semblables dans les sujets vivants et fossiles. Je pense que les divergences sont cependant assez notables pour constituer une variété ancienne de l'*Ostrea hyotis*. Rare à Carry.

A l'état fossile, l'*Ostrea hyotis* n'a été citée à ma connaissance que dans le terrain pliocène de l'Italie.

Pecten Justianus, Fontannes, var. — Les exemplaires de ce niveau ne sont pas absolument conformes au type figuré par Fontannes (*Bassin de Visan*, pl. 1.f. 3) et se rapprochent du *Pecten substriatus*, d'Orb., in Hörnes, plus que le Peigne de la mollasse à Scutelles de Saint-Paul-Trois-Châteaux. Ils se distinguent notamment du *Pecten Justianus* type par la présence de petites lamelles écailleuses assez espacées qui ornent en travers les côtes principales, et que Hörnes signale sur un grand nombre de sujets du bassin de Vienne. Par contre, l'existence assez constante d'une fine costule longitudinale intercalée entre chacune des côtes principales bifurquées, ne permet pas de séparer cette forme du *Pecten Justianus*. Le Peigne du Rouet doit donc être considéré comme une variété de passage entre le *Pecten justianus*, Font., et le *Pecten substriatus*, d'Orb. (*Pecten pusio*, in Mayer). Je serais pour ma part disposé à réunir ces deux Peignes qui coexistent d'ailleurs d'après Fontannes dans la mollasse à *Scutella Paulensis* du bassin de Visan.

Litharæa Martini, d'Orb. — Polypier en lames incrustantes sur le test des ostracés; par la petitesse et la profondeur des calices, il se rapporte plutôt à cette espèce qu'à *Litharæa Carryensis* d'Orb., mais cette détermination doit être considérée comme provisoire, aucune des deux espèces de d'Orbigny n'ayant été figurée, ni même décrite avec précision.

Bryozoaires.

Ces rares documents paléontologiques n'apportent aucun élément précis d'appréciation sur l'âge de cet horizon clastique inférieur. Le *Pecten Justianus* remonte à Sausset jusqu'au sommet du langhien, dans le bassin de Visan jusqu'à la mollasse à Scutelles considérée par Fontannes comme la base de l'helvétien. Quant aux *Ostrea plicatula* et *hyotis*, encore vivantes, la première dans la Méditerranée, la seconde dans la mer des Indes, elles ont une signification stratigraphique surtout pliocène ou au plus miocène, et n'avaient pas encore été indiquées, à ma connaissance, dans le terrain oligocène. Sur la côte de Carry, ces espèces passent quoique plus rares, dans les sables à *Pecten subpleuronectes*, auxquels les conglomérats du Rouet se lient par conséquent d'une manière intime au point de vue paléontologique. Comme, d'autre part, ces conglomérats reposent transgressivement sur la craie et ne se relient pas directement aux couches oligocènes du bassin lacustre de Marseille, il est difficile de décider si ces couches clastiques appartiennent déjà à l'*aquitanien* ou si elles correspondent à tout ou partie du *tongrien*.

Je me rattache volontiers à cette dernière hypothèse à cause du rapprochement que l'on peut établir au point de vue pétrographique entre les grès argileux rougeâtres du Rouet et les argiles rouges de Lestaque, de Saint-Henri, etc., qui composent la partie inférieure de la puissante formation oligocène, connue sous le nom d'*argiles de Marseille*. La coloration rouge-brique est la même dans les deux localités, et il existe également à la base des argiles de Lestaque, sur les bords de la cuvette lacustre du bassin de Marseille, un conglomérat à gangue rouge-brique tout à fait comparable aux conglomérats du Rouet, quoique de formation plus exclusivement locale. Malgré l'interruption de quelques kilomètres qui existe dans la continuité des dépôts rouges entre Lestaque et les premiers affleurements des conglomérats vers le port de Gignac, il est tout à fait vraisemblable d'admettre le prolongement des couches de Lestaque à travers les eaux du golfe de Marseille jusqu'à la rencontre des couches du Rouet. Je suis tout disposé à partager à cet égard l'idée de mon savant confrère M. Marion (1) qui voit dans la rubéfaction assez particulière de ces couches l'indice d'un grand courant fluviatile, venu du bassin de Marseille par Lestaque jusque vers la côte du Rouet. Les conglomérats de cette dernière localité représenteraient ainsi le delta torrentiel marin de cette sorte d'Huveaune oligocène.

Or, les argiles de Saint-Henri contiennent heureusement d'assez nombreux débris de mammifères terrestres que l'on peut voir au Muséum de Marseille. L'examen sommaire de cette faune m'a conduit à la considérer comme intermédiaire par son âge entre les faunes de Ronzon et de Saint-Gérand-le-Puy, tout en restant plus voisine de la première. Si donc l'assimilation entre les argiles de Saint-Henri et les conglomérats du Rouet est bien exacte, il faudrait admettre que ceux-ci représentent la partie supérieure de l'étage tongrien.

2. SABLE ET MARNES GRÉSEUSES A PECTEN SUBPLEURONECTES ET POLYPIERS

Au-dessus des conglomérats, on observe une alternance de sables jaunes ou bleuâtres et de bancs marno-gréseux plus durs, caractérisés par la fréquence du *Pecten (Pleuronectia) subpleuronectes* d'Orb.; l'épaisseur de cet ensemble atteint au maximum une quinzaine de mètres.

On peut bien étudier la composition détaillée de cette assise en s'élevant depuis le bord occidental de l'anse du Rouet jusqu'au sommet de la haute falaise du cap de Nautes (fig. 5). Le bord de l'anse est formé par les conglomérats rouges; mais à partir du deuxième petit ravin qui descend vers la mer, on voit affleurer les grès et sables à *P. subpleuronectes*. La tran-

(1) *Esquisse d'une topographie zoologique du golfe de Marseille (Arch. mus. Marseille*, t. I, p. 8).

sition se fait d'une manière assez brusque : on voit d'abord des sables alternant avec des grès roussâtres qui renferment des fragments de *P. subpleuronectes*, des débris d'huîtres et des contre-empreintes de *Potamides margaritaceus*. Au-dessus, viennent des sables jaunes, puis bleus, à *P. subpleuronectes* alternant avec des tables peu épaisses, mais saillantes de grès roux cariés. Un banc marno-gréseux plus grossier, cailloutoux, avec *Polypiers*, peut servir de limite à la zone à *P. subpleuronectes* et la sépare des marnes saumâtres à Cyrènes et Potamides qui la recouvrent.

A la crique de Barqueroute, on observe, intercalé vers la base de la zone à *P. subpleuronectes*, un beau banc marneux à *Polypiers* (1er niveau) qui affleure au bord de la mer et contient avec diverses espèces de Polypiers (*Phyllocœnia carryana* d'Orb; *Litharœa Martini* d'Orb.) et de Bryozoaires, une intéressante espèce d'Echinide régulier (*Parasalenia Fontannesi, Cott.* n. sp.) et de rares Mollusques (*Spondylus cf. Ferreolensis*, Font.). Au-dessus de ce premier banc à Polypiers, on voit les sables jaunes, riches en *P. subpleuronectes*, alternant avec des bancs gréso-marneux durs avec moules de Gastropodes (*Conus, Strombus*) et de Bivalves. A la partie supérieure ces sables deviennent bleuâtres, un peu plus argileux et contiennent des fossiles à test pulvérulent, très friables. Enfin on voit le long de la falaise occidentale de l'anse, ces sables bleuâtres couronnés par quelques bancs marno-caillouteux riches en *Polypiers* (2e niveau), en Scutelles, en moules de Bivalves (énormes Cythérées) et de Gastropodes (*Potamides plicatus, magaritaceus*), qui annoncent le voisinage de l'assise saumâtre supérieure. Il m'a paru cependant préférable de rattacher ce deuxième banc à Polypiers à l'assise à *P. subpleuronectes*, à cause du caractère franchement marin des Radiaires qu'il renferme.

Vers le fond du vallon de Carry, le long de l'ancienne route du Rouet, on retrouve l'assise à *P. subpleuronectes* et à Polypiers relevée vers la falaise urgonienne, et constituée presque uniquement, à l'exclusion des sables, par des bancs calcaréo-marneux remplis de Polypiers et d'Echinides *(Parasalenia Fontannesi*, Cott, n.sp.) Ces couches représentent sans doute un facies un peu moins littoral que celui des sables du cap de Nautes.

Dans l'ensemble de la zone à *P. subpleuronectes*, j'ai recueilli les espèces suivantes :

Conus cf. **antiquus**, Lam. *in* Grateloup. — Moules intérieurs d'une grosse espèce courte et renflée, à spire plate sur les derniers tours, saillante et pointue vers le sommet, très comparable au *Conus antiquus* (Grat., *Conchyl. Adour*, pl. I, fig. 1), des faluns de Saint-Paul-de-Dax. Michelotti cite l'espèce de la colline de Turin.

Strombus, Sp. — Plusieurs moules indéterminables.

Potamides plicatus, Brug. — Rares contre-empreintes dans les parties marno-gréseuses.

Potamides margaritaceus, Broc., var. *moniliforme*. — Rare à ce niveau et à l'état de contre-empreintes.

Natica tigrina, Defr. *in* Grateloup, voir p. 100. — Les moules que je rapporte à cette espèce ont été déterminés par comparaison avec les nombreux et beaux spécimens de la même espèce, communs dans toute la hauteur de la formation miocène de Carry.

Ostrea plicat la, L. *in* Hörnes. Rare, voir *antè*, p. 55.

Ostrea hyotis, Lam. var. Rare, voir p. 55.

Ostrea undata, Lam. var. — Tournouër a signalé *(Bull. Soc. géol.*, 3e série, t. VIII, p. 294), dans la formation de Carry et dans les faluns de Saint-Avit (Landes), une variété de l'*Ostrea undata*, Lam. moins allongée que le type des faluns de Bazas, de Mérignac, etc., dans le Sud-Ouest. C'est à cette variété que se rapportent un certain nombre de valves isolées que j'ai recueillies dans les sables à *P. subpleuronectes* et dans l'assise saumâtre qui les recouvrent. En dehors du caractère de la forme plus ovalaire que dans les types du Sud-Ouest, j'ai remarqué que le plissement des valves était en général moins accentué.

Ostrea aginensis, Tourn. *(Ostrea crispata*, Gold. *Petref.* pl. LXXVII, fig. 1, e-f. excl. a-d). — On trouve à la partie supérieure de l'assise à *P. sulpleuronectes*, en particulier sur le flanc ouest de la crique Barqueroute, de nombreux spécimens d'une huître allongée, longirostre, à surface des valves lamelleuse et un peu crépue, qui se rapportent assez exactement au type de Goldfuss, sauf que le canal ligamentaire de la grande valve est relativement plus large, et les bourrelets moins saillants. Tournouër *(Bull., soc. géol.*, t. VIII, p. 294) a rapporté l'*Ostrea crispata*, Goldf., à la grande huître de Bazas qu'il a nommée *Ostrea aginensis*. La comparaison du type de Carry avec des spécimens du Bazadais m'a montré que ces derniers étaient souvent plus grands, à test plus épais, à bourrelets ligamentaires plus forts et plus saillants et que l'identité de ces deux formes n'était par conséquent pas absolue. Il est cependant certain que l'huître de Carry représente un type aquitanien intermédiaire entre l'*Ostrea longirostris* tongrienne et les *Ostrea gingensis* et *crassissima* de l'helvétien.

Une huître identique à la forme de Carry se trouve dans les marnes bleues aquitaniennes de l'École d'agriculture de Montpellier.

Ostrea granensis, Font. *(Ostrea ventilabrum*, Goldf., var.). — Identique à l'huître de l'helvétien inférieur de Grane (Drôme), figurée par Fontannes *(Bassin de Crest*, pl. IV). Rare à ce niveau, devient plus abondante dans les horizons plus élevés de la côte de Carry (voir p. 68).

Ostrea caudata, Münster, *in* Goldf. — Une seule valve des couches à Polypiers de la crique Barqueroute ; devient commune un peu plus haut (voir p. 68).

Spondylus ferreolensis, Font. (? *Spond. concentricus*, Mayer). — Une seule valve supérieure incomplète, provenant de la couche à Polypiers inférieure ne diffère du type de Fontannes (*Mollusques pliocènes*, pl. XIV, fig. 5) que par ses épines un peu plus nombreuses sur les côtes principales et par ses costules intermédiaires plus granuleuses. Le type de l'espèce provient des couches à Congéries du bassin du Rhône ; il n'était pas encore signalé dans le miocène rhodanien où le *Spond crassicosta* avait seul été indiqué par Fontannes dans la mollasse calcaire du bassin de Visan.

Pecten (Pleuronectia) subpleuronectes, d'Orb. *(P. cristatus,* Hörnes non Bronn). — Très commun dans cette assise, surtout dans les couches sableuses de l'anse Barqueroute où l'on peut recueillir des spécimens entiers, de dimensions bien supérieures à celles des sujets du bassin de Vienne. La forme miocène diffère du type pliocène analogue *(P. cristatus,* Bronn.) surtout par le plus grand nombre de côtes internes qui sont aussi plus régulièrement géminées. Le *P. subpleuronectes* qui présente quelques rares gisements dans le miocène moyen et supérieur (Turin, Grund, Tegel de Baden, Leithakalk, Lapugy, etc.), n'est à ma connaissance, connu dans l'aquitanien que dans le gisement d'Abesse (coll. Tournonër). M. Matheron (*Cat. méth.* p. 186), l'avait déjà cité de Carry sans indication de niveau, sous le nom de *Pecten pleuronectes,* Lam.

Lucina multilamellata, Lam. — Magnifiques spécimens dans le banc à Polypiers supérieur du cap Barqueroute.

Lucina ornata, Ag. *(divaricata,* Lam.). — Rare à ce niveau; une seule empreinte daus le banc à Polypiers supérieur.

Cytherea, *cf. pedemontana,* Ag. — Il existe dans les couches à Polypiers supérieures de Car-Rousset et du cap Barqueroute un banc rempli de moules d'une énorme *Cytherea* que sa forme transverse, et sa grandeur permettent de rapprocher de *C. pedemontana,* Ag., citée déjà par Fontannes de l'helvétien inférieur du Sud-Est; mais cette détermination doit être considérée comme provisoire.

Scutella paulensis, Ag. — Sujets de grande taille, mais souvent fragmentés dans la couche à Polypiers supérieure du cap Barqueroute.

Parasalenia Fontannesi, n. sp. — Cotteau *in litt.* « Espèce de petite taille, oblongue, arrondie en avant, un peu rétrécie en arrière, médiocrement renflée. Zones porifères droites près du sommet, subonduleuses à l'ambitus. Aires ambulacraires étroites et aigües à leur partie supérieure, s'élargissant en descendant vers l'ambitus. Tubercules ambulacraires et interambulacraires saillants, non crénelés ni perforés. Tubercules secondaires très peu nombreux, granules assez abondants sur les aires interambulacraires. Périprocte très grand, subcirculaire, un peu ovale. L'appareil apical, d'après l'empreinte qu'il a laissée, devait être, comme celui des *Parasalenia,* elliptique et bien développé. » Cette intéressante espèce sera décrite par M. Cotteau dans la prochaine livraison des *Echinides nouveaux ou peu connus.*

Schizaster, *cf. Scillæ*, Ag. Un seul spécimen déformé et peu déterminable.

Phyllocœnia carryana, d'Orb. — C'est le plus commun des Polypiers de l'étage aquitanien de Carry.

Il diffère de *Phyll. astroites* Goldf. par ses polypiérites plus rapprochés, moins régulièrement circulaires, et d'un diamètre un peu inférieur.

Litharæa Martini, d'Orb. — En petites masses arrondies ou allongées; moins commun que le précédent.

Litharæ ramosa. Edw. et Haime. Assez commun.

Madrepora, sp. — Se rapproche de *M. lavandula*, Mich. *Icon. zooph.*, pl. XIV, fig, 2) par ses polypiérites obliques vers le haut et pourvus de fines côtes extérieures.

Bryozoaires.

Spirorbis.

La faune de l'assise à *Pecten subpleuronectes* est trop pauvre en espèces et trop semblable à celle des couches qui viennent immédiatement au-dessus pour qu'il soit possible de lui attribuer la valeur d'une subdivision paléontologique distincte. Presque toutes les espèces qui composent la liste précédente passent en effet dans les couches à Cyrènes et Cérithes, à l'exception des *Oursins*, des *Polypiers* et du *Spondyle*, intimement liés au facies coralligène de cette assise, mais qui reparaissent, pour la plupart au moins, dans les niveaux à Polypiers que j'aurai plus loin à décrire au sommet de l'étage aquitanien. Le *Pecten subpleuronectes* lui-même, que je n'ai pas recueilli plus haut dans l'aquitanien de Carry, reparaît à l'ouest de Sausset dans les couches helvétiennes du Grand-Vallat, et la plupart des gisements connus de cette espèce sont également du miocène moyen ou même du miocène supérieur.

En raison de cette connexité des faunes, la discussion sur l'âge de la zone à *Pecten subpleuronectes* sera mieux placée après l'étude de l'assise suivante. Mais au point de vue local, les sables à *Pecten subpleuronectes* constituent une subdivision intéressante en raison du facies de la faune qui est exclusivement marine et de la nature des dépôts qui comprennent à la fois des dépôts sablonneux de rivage et des couches coralligènes à Polypiers et Bryozoaires. L'abondance toute particulière dans ces sables du genre *Pleuronectia* est d'ailleurs une preuve que ces dépôts se sont formés sur un littoral relativement assez profond, car les coquilles de ce genre ne se rencontrent guère dans les dépôts de plage basse qu'en fragments roulés, de provenance lointaine. Quant à l'élément saumâtre ou d'estuaire, il ne se présente dans cette assise qu'à l'état exceptionnel, sous la forme de rares empreintes de Potamides qui vont au contraire prédominer dans l'assise suivante.

3. COUCHES SAUMATRES A POTAMIDES PLICATUS CYRÈNES ET CORBULES

Au-dessus des sables à *Pecten subpleuronectes* on voit apparaître en se dirigeant vers l'Ouest (fig. 5-8) d'abord une nouvelle série de sables gris bleuâtres, plus argileux que les précédents, passant même vers le haut à des marnes sableuses compactes d'un gris-bleuâtre. Quelques lits consolidés en grès font saillie sur les coupes en minces tables horizontales que séparent des zones sableuses ou argileuses d'une épaisseur variant de $0^{m},30$ à 2 mètres.

Cette assise, dont la puissance totale atteint une douzaine de mètres, est presque partout riche en fossiles qui s'y présentent trop souvent à l'état de moules ou de contre-empreintes. La caractéristique de cette faune consiste dans l'abondance des genres à facies saumâtre, tels que *Potamides*,

Cyrena, Corbula, Mytilus. Vers la base de l'assise, ceux-ci ne sont encore qu'en petit nombre au milieu d'une faune surtout marine, puis ils tendent à prédominer de plus en plus à mesure qu'on s'élève vers les bancs supérieurs.

Cette considération, jointe à la nature de plus en plus marneuse des couches, permet de distinguer dans cette assise les trois zones suivantes, bien visibles en particulier dans l'anse Rousset ou des bains de Carry.

1° *Zone à Corbula retrosulcata et fossiles à test blanc*. — Cette zone inférieure est formée de sables argileux et de grès en couches alternantes de peu d'épaisseur. Sur le flanc oriental de l'anse Rousset on la voit reposer sur le banc noduleux à Polypiers (2e niveau) de l'assise précédente. Les sables sont riches en fossiles ayant conservé leur test qui se détache en blanc sur le fond gris ou bleuâtre du sable, mais qui malheureusement est presque toujours assez friable : c'est ce niveau intéressant que je désigne dans le cours de ce travail sous le nom de *zone à fossiles blancs*. Les espèces les plus habituelles sont :

Corbula retrosulcata, n. sp.
Lucina incrassata, Dubois.
Lucina ornata, Ag.
Lucina multilamellata, Desh.
Mytilus Michelini, Math.
Anomalocardia diluvii, Lam.
Cytherea undata, Bast.
Cardium turonicum, May.
Perna, sp.
Ostrea caudata, Munst.
Terebratula grandis, Blum.
Potamides plicatus, Brug.
Potamides margaritaceus, Br., etc.

D'innombrables individus de *Lucina incrassata* forment par leur agglomération un ou plusieurs bancs à Lucines, à test pulvérulent et friable.

Ce même niveau à fossiles blancs affleure sur le flanc est du vallon de Carry, le long de l'ancienne route du Rouet, au sein d'une marne bleuâtre argileuse, où le test des fossiles est bien conservé; on y recueille la plupart des espèces de la liste précédente et en outre :

Nerita Plutonis, BAST.
Cerithium pictum, BAST.
Cytherea provincialis, n. sp.
Chama gryphoïdes, LAM.
— *gryphina*, LAM.
Lucina dentata, BAST.
Tapes oligocenica, n. sp.
Venus Fontannesi, n. sp.
Pecten Justianus, FONT. var.

2° *Grès à Potamides plicatus et margaritaceus.* — Je distingue, malgré son peu d'épaisseur ($0^m,40$), une couche de grès compacte grisâtre, remarquable par sa richesse en Potamides, parce que ce banc forme un excellent point de repère facile à reconnaître au sein de l'assise saumâtre. Ce grès se présente dans des conditions d'observations favorables des deux côtés de l'anse de Rousset (fig. 7). On peut recueillir à la surface de ce banc lavé par les eaux pluviales de bons exemplaires de Potamides qui ne se montrent guère qu'à l'état d'empreintes ou de moules dans les couches voisines. Les espèces de ce niveau sont les suivantes :

Potamides plicatus, BRUG.
— *margaritaceus*, BROC.
Cerithium bidentatum, GRAT.
Neritina picta, FÉR.
Nerita Plutonis, BAST.
Vermetus intortus, LAM.
Lucina incrassata, DUB.
Lucina ornata, AG.
Corbula Basteroti, HÖRN.
Cardium Turonicum, MAYER.
Lutraria oblonga, CHEMN.
Ostrea caudata, MUNST.
Litharœa Martini, d'ORB., etc.

3° *Marnes gréseuses à Cyrènes et Potamides.* — Au-dessus du banc gréseux à nombreux Potamides on voit reposer une série de couches gréso-marneuses, composées de bancs alternatifs de marne tendre grise ou jaunâtre et de grès plus durs, d'une épaisseur totale de 5 à 6 mètres. Les grès sont remplis de moules et d'empreintes de Potamides, tandis que les marnes abondent en Lamellibranches, malheureusement presque tous à l'état de moules internes, à l'exception des huîtres.

Pyrula Lainei, Bast. (moules).
Potamides plicatus, Brug.
— *margaritaceus*, Broc.
Cerithium bidentatum, Grat.
Cardium turonicum, May.
Cyrena Brongniarti, Bast.

Ostrea subdeltoidea, Munst.
— *undata*, Lam. var.
— *tegulata*, Munst.
— *granensis*, Font.
— *caudata*, Munst.
— *aginensis*, Tourn.

La composition de l'assise à faune saumâtre subit quelques modifications latérales lorsqu'on l'étudie soit à l'est, soit à l'ouest de l'anse Rousset. En se dirigeant à l'est on voit, sur les falaises de la crique de Barqueroute, le facies saumâtre à Cyrènes, Potamides et *Ostrea aginensis*, envahir presque l'ensemble de l'assise, aux dépens de la zone inférieure à fossiles blancs de l'anse Rousset. Si on marche au contraire vers l'ouest, on constate que l'élément saumâtre tend à s'atténuer, puisque dès le bord oriental de l'anse de Carry les marnes saumâtres sont remplacées par des sables jaunes contenant exclusivement des huîtres et des *Pecten*, indice d'un dépôt plus marin. Il n'est pas de meilleure preuve que ces couches saumâtres de l'aquitanien de Carry représentent les dépôts d'estuaire d'un courant fluviatile venu de l'est.

Dans l'ensemble de cette assise à faune saumâtre, j'ai recueilli les espèces suivantes :

Ostrea aginensis, Tourn. (voir *ante*, p. 61).

Ostrea undata, Lam., var. (voir *ante*, p. 60).

Ostrea subdeltoidea, Munst. (*O. deltoidea*, Goldf. *Petref.*, pl. LXXXIII, fig. 1). — Huître au test épais, lamelleux, dépourvu de plis sur les deux valves; très adhérente, à surface ligamentaire très élargie, avec un canal peu profond et des bourrelets latéraux larges et plats.

Le type provient de l'aquitanien supérieur de Bünde et d'Osnabrück, dans la Westphalie ; l'espèce est signalée par Delbos et Raulin (*Bull. soc. géol.*, 2e sér., t. XII, p. 1155) dans les faluns aquitaniens de Mérignac, Saint-Avit, Saint-Paul-de-Dax et aussi dans le falun de Léognan. Assez abondante dans les couches saumâtres de la crique Barqueroute.

Ostrea tegulata, Munst. *in* Goldf. — Je n'ai pas recueilli moi-même cette espèce, mais j'ai trouvé, dans la collection Fontaunes, deux spécimens d'une huître à petite valve lisse, à grande valve garnie de plis tégulaires peu divergents, avec une surface ligamentaire large et des bourrelets peu saillants, un sommet tronqué, qui se rapprochent beaucoup du type figuré par Goldfuss (*Petref.* pl. LXXVII, fig. 7), bien que leur forme générale soit plus courte et plus large et leurs plis moins réguliers. Ces divergences ne m'ont pas paru suffisantes pour justifier une distinction spécifique.

Ostrea granensis, Font. (= *Ostrea ventilabrum*, Goldf. var.). — Je rapporte à l'espèce tongrienne de Goldfuss, à titre de variété, une huître à petite valve lisse, à grande valve plissée, à surface ligamentaire triangulaire avec un canal large et des bourrelets étroits et saillants, à sommet pointu, muni en avant d'une expansion auriforme, commune dans toute la hauteur de la formation de Carry. Elle est certainement identique au type helvétien du bassin de Crest, décrit par Fontannes sous le nom de *Ostrea granensis*, type et var. *peradherens* (*bassin de Crest*, p. 157, pl. IV), espèce que ce savant géologue considérait lui-même comme très voisine de *O. ventilabrum*, dont il la distinguait seulement par l'absence de denticulations intérieures près du sommet de la grande valve. J'ai pu me convaincre que ce caractère n'était pas constant dans l'*O. ventilabrum* du nord, tandis qu'il se présente, rarement il est vrai, dans quelques sujets du sud-est. Aussi ai-je été amené à rattacher l'*O. granensis* à l'*O. ventilabrum*, à titre de variété régionale et un peu plus récente. On trouve aussi à Carry la variété *peradhœrens*, avec des caractères identiques à celle du bassin de Crest.

Cette espèce est abondante à peu près dans toute la hauteur de la formation tertiaire de Carry depuis la zone à *Pecten subpleuronectes* jusque dans la mollasse *helvétienne* de Sausset. Elle ne peut donc servir dans cette région du moins, à caractériser aucun niveau particulier.

Ostrea caudata, Münst., *in* Goldf. — Petite huître qui est peut-être une simple variété de la précédente, dont elle diffère seulement par sa forme plus triangulaire et par le prolongement sous forme de talon du bord postérieur. Elle ressemble au type figuré par Goldfuss *(Petref,* pl. LXXVII, fig. 7), sauf que les plis sont plus nombreux et plus serrés que dans l'espèce d'Allemagne.

Fontannes a cité l'*O. caudata* d'un grand nombre de localités helvétiennes du comtat et du bassin de Visan. MM. Fischer et Tournouër *(Léberon,* p. 115) la réunissent à l'*O. frondosa*, Marcel de Serres *(Géognosie,* pl. V, fig. 5-6), qui en diffère cependant par l'absence de prolongement caudal et par des plis moins nombreux. Les géologues autrichiens font de l'*O. caudata* une simple variété de l'*O. digitalina*.

L'*O. caudata* se trouve, avec la précédente, dans toute la hauteur de la formation de Carry.

Mytilus Michelini, Math. (*Cat. méth.*, pl. XXVIII, fig. 11-12) — Grande espèce, abondante à l'état de moule interne, dans les marnes saumâtres à Cyrènes. On la trouve avec son test, mais très friable, dans la zone à fossiles blancs. Enfin elle reparaît bien plus haut, dans la molasse à *Ostrea crassissima* de Carry.

D'après Tournoüer *(coll. Institut catholique de Paris)* le *Mytilus antiquorum* Bast. du Sud-Ouest est identique à l'espèce de M. Matheron et cette observation me paraît entièrement fondée.

Perna, sp. — J'ai reconnu, dans la zone à fossiles blancs, des coquilles de ce genre, bien reconnaissables d'après les fragments de charnière, mais la friabilité du test m'a empêché de recueillir un seul sujet déterminable.

Pecten vindascinus, Font. (voir plus loin, p. 84). — Cette espèce, qui va devenir commune à partir de l'assise suivante, est rare dans les couches saumâtres, à Cyrènes à l'est de Carry.

Pecten justianus, Font. (voir *ante* p. 56). — Un seul sujet de la zone à fossiles blancs de l'anse Rousset.

Anomalocardia diluvii, Lam. — Commune dans la zone à fossiles blancs du vallon de Carry. Par la forme arrondie de ses deux extrémités, par son aréa lisse en avant, par ses côtes subquadrangulaires, cette espèce est conforme au type de Lamarck, sauf que le côté postérieur est un peu plus prolongé chez les spécimens les plus adultes.

Anomalocardia diluvii, Lam., var. *carryensis* (pl. I, fig. 5). — On trouve, mêlée à la précédente, une Arche qui, avec une forme et un aréa identiques, se distingue par ses côtes ornées, sauf les postérieures, de granules réguliers et saillants, à peu près comme chez l'*A. cardiiformis*. C'est probablement à cause de cette ressemblance que l'*Arca cardiiformis* a été indiqué par M. Mayer, dans l'aquitanien de Carry.

Mais les spécimens dont il est question ont exactement la forme de l'*A. diluvii* et sont par conséquent bien distincts, par leur côté postérieur peu prolongé et par l'*area* lisse en avant, de l'*A. cardiiformis*. De plus, j'ai remarqué que la présence des granules sur les côtes était des plus variables, et que l'on observait toutes les transitions entre les sujets à côtes presque entièrement granuleuses et ceux où les côtes sont tout à fait lisses, par l'intermédiaire de spécimens qui présentent, sur quelques-unes de leurs côtes, des traces peu distinctes de granulations. Je me borne à figurer cette Arche à titre de variété de l'*Arca diluvii*, au lieu de lui donner un nouveau nom spécifique.

Anomalocardia girondica, Mayer, (*Cat. mus. Zurich. Arcidès* p. 72). — Je rapporte avec hésitation à cette espèce quelques rares spécimens de la zone à fossiles blancs de Carry, qui se distinguent de l'*A. diluvii* par leur forme plus transverse, par leurs côtes souvent marquées d'un sillon longitudinal, enfin et surtout par l'area sillonné sur toute la longueur, au lieu d'être lisse en avant. M. Mayer a signalé cette espèce dans l'Aquitanien I de Carry, et j'ai vu dans la collection d'Orbigny au Muséum de Paris deux spécimens de cette Arche provenant de la zone saumâtre de Carry.

Chama gryphoïdes, L. — Espèce à enroulement normal, rare dans la zone à fossiles blancs du vallon du Carry.

Chama gryphina, Lam. — Espèce à enroulement inverse; rare dans la zone à fossiles blancs du vallon de Carry.

Cardium turonicum, Mayer (*C. echinatum*, var. B. Bast.) — Type voisin du *C. echinatum*, Brug., dont il diffère surtout par ses côtes arrondies-triangulaires et non carrées. J'ai recueilli un seul sujet pourvu de son test dans la zone à fossiles blancs de l'anse Rousset. Il est possible que les nombreux moules de *Cardium* des couches saumâtres, à Cyrènes appartiennent à la même espèce. MM. Fischer et Tournouër ont signalé l'espèce dans la molasse du Cucuron et de Forcalquier. Je ne pense pas qu'on l'ait trouvée ailleurs, dans un horizon aussi ancien que l'aquitanien de Carry.

Lucina multilamellata, Desh. — Assez commune et pourvue de son test dans la zone à fossiles blancs de l'anse Rousset. Elle est identique aux sujets des environs de Horn (Autriche), figurés par Hörnes, (pl. XXXIII, fig. 2), quoique de taille plus petite.

Lucina incrassata, (Dub. *L. scopulorum*, Bast.)

Les innombrables moules de Lucine qui forment un ou plusieurs bancs au-dessous du grès à Potamides paraissent se rapporter à cette espèce, à en juger par les rares individus ayant conservé une partie de leur test. Cette espèce abonde à tous les niveaux de la formation de Carry.

Lacina (Divaricella) ornata, Ag. — Diffère de l'espèce actuelle (*L. divaricata*, Lam.), par sa forme plus grande et plus équivalve, par ses dents latérales mieux marquées, etc. Elle est identique aux sujets des environs de Horn, et à ceux de Mérignac et de Léognan. Assez rare dans la zone à fossiles blancs et dans le grès à Potamides de l'anse Rousset.

Lucina dentata, Bast. — Assez commune dans la zone à fossiles blancs de Carry et de l'anse Rousset. Elle remonte depuis l'aquitanien de Mérignac jusque dans presque tout le miocène européen.

Venus Fontannesi, n. sp. (pl. I, fig. 1). — Diagnose : *Testa ovato-trigona, inæquilateralis, antice rotundata, postice elongato-depressa, subtruncata; concentrice cingulata; 8-10 costulæ principales concentricæ, erectæ, regulariter distantes, interstitiis cingulis tenuioribus ornatis, primis tantum inferne lævibus — lunula impressa, subcordata; vulva angusta levis, — in valva sinistra dentes cardinales tres, cum dente laterali anteriore parvo; in valva dextra tres, posticus subbifidus; — sinus pallearis parvus, acutus; margo crenulatus.*

Coquille ovale-trigone, arrondie en avant, prolongée et déprimée en arrière, un peu tronquée; surface ornée d'une dizaine de lamelles concentriques, subaiguës, régulières, pas très saillantes, plus rapprochées entre elles vers les sommets; les intervalles sont garnis de cordonnets concentriques plus fins, en nombre variable jusqu'à 10 et plus, le plus souvent 5 à 6 seulement. Les intervalles les plus voisins du sommet ne présentent de cordonnets concentriques que dans leur moitié supérieure, leur partie inférieure étant tout à fait lisse; lunule cordiforme, sur laquelle se prolongent les lignes d'accroissement de la coquille; vulve étroite, allongée lisse, limitée par une carène aiguë sur laquelle les cordonnets de la surface s'infléchissent et s'atténuent. Dents cardinales au nombre de 3 sur chaque valve; la valve gauche porte en outre une dent latérale antérieure plus petite que dans les Cythérées; la dent cardinale postérieure de la valve droite montre un indice de bifidité. Sinus palléal petit, aigu; bord finement crénelé.

La *Venus Fontannesi* est une forme bien distincte, qui n'a que des rapports éloignés avec la *Venus plicata*, Gm.; mais dans celle-ci, il existe une carène qui aboutit à l'angle postérieur; les lamelles et les cordonnets intermédiaires s'atténuent moins sur la vulve; les cordons principaux sont plus lamelleux et plus saillants; enfin il n'y a jamais que deux ou trois petits cordonnets intermédiaires.

Elle a plus de rapports avec *V. præcursor*, Mayer, surtout par sa charnière ; mais dans cette espèce, la forme est arrondie et non pas ovale-trigone; les cordons principaux sont moins distincts; enfin il n'y a pas d'espace lisse à la partie inférieure des premiers intervalles.

La *Venus helvetica*, Mayer, *Journ. conchy.*, t. IX, p. 53, est, d'après l'auteur, de forme trigone, ornée de lamelles concentriques, finissant en arrière par une large épine, ce qui n'a pas lieu dans le type de Carry; elle peut fort bien représenter la forme *bartonienne* de ce groupe de *Venus*.

L'espèce est rare dans la zone à fossiles blancs du vallon de Carry.

Cytherea undata, Bast. — Autant qu'il est permis d'en juger par les sujets un peu comprimés de la zone à fossiles blancs, cette Cythérée ne différait du type de Mérignac que par son côté postérieur un peu moins aigu, ce qui tendrait à la rapprocher un peu plus de *C. erycina*. L'espèce est indiquée à Carry par M. Matheron.

Cytherea provincialis, n. sp. voir p. 86 et pl. II, fig. 6. Commune dans la zone à fossiles blancs de Carry et de l'anse Rousset.

Tapes oligocenica, n. sp. (pl. I, fig. 2). — Diagnose. — *Testa transversa, inæquilatera, tumida, antice rotundata, postice rotundato-acuminata; nitida; striis incrementi plus minusve impressis ornata, postice planulatim sulcata; lunula lanceolata, satis impressa; dentes cardinales tres, duo antici in valva sinistra bifidi; sinus pallearis profondus, obtusus.*

Cette rare espèce, dont je ne possède qu'une seule valve gauche, se distingue aisément de tous les *Tapes* décrits. Le mode d'ornementation de sa partie postérieure rappelle celui de *Tapes vetula* Bast., mais elle en diffère par son côté postérieur acuminé, son sommet plus renflé, enfin parce que les cordons concentriques plats sont limités à la partie tout à fait postérieure de la coquille.

Le *Tapes clandestina*, Mayer (*Journal conchy.*, t. IX, p. 358 et t. VIII, pl. V, fig. 10), est de toutes les espèces décrites, la plus voisine de l'espèce de Carry. Ce type de Saucats se distingue néanmoins par sa forme moins trigone et surtout par la présence de fines stries transverses sur toute la surface de la coquille, ornée en outre de stries rayonnantes plus ou moins régulières.

Circe minima, Mont. — Assez rare dans la zone à fossiles blancs du vallon de Carry ; identique au type du bassin de Vienne *in* Hörnes (pl. XIX, fig. 5). L'espèce, qui est encore vivante, est surtout commune dans le pliocène, mais descend dans le miocène supérieur (Lapugy, Vienne) et même dans les faluns de Touraine ; mais elle n'a pas été citée encore d'un niveau aussi bas que l'aquitanien.

Cyrena ? Brongniarti, Bast. — On trouve dans les couches saumâtres à l'est de Carry de nombreux moules d'une grosse Cyrène globuleuse, comparable par sa forme et sa grandeur à *Cyrena Brongniarti* Bast. de Mérignac, de Saucats, etc. ; mais je n'ai pu obtenir un échantillon pourvu de son test, pour confirmer cette détermination.

Corbula retrosulcata, n. sp. (pl. I. fig. 6-8)). — Diagnose. — *Testa crassa, ovato-trigona, tumida, inæquivalvis, antice rotundata, postice angulata, transversim grosse sulcata ; prope marginem posticum carinata ; post carenam depressa, sulco longitudinali profundo impressa, striis transversis, lævioribus ornata. Valva dextra major, gibbosa, valvam sinistram læviter involvens ; umbones prominentes ; cardo in valva dextra dente anteriore subcylindrico robusto et fossula parva, in valva sinistra fossula magna et postice dente lamelloso parvo præditus.*

Les caractères de cette espèce se sont montrés constants sur un très grand nombre de sujets. Elle est surtout voisine de *C. carinata* Duj., elle s'en distingue cependant à première vue par ses stries concentriques plus fortes et moins nombreuses, et surtout parce que la partie déprimée de chaque valve qui se trouve en arrière de la carène est partagée par un sillon longitudinal profond plus marqué sur la valve droite que sur la valve gauche.

La *Corbula retrosulcata* est commune dans la zone à fossiles blancs du vallon de Carry et de l'anse Rousset ; je ne l'ai plus recueillie dans la mollasse ferrugineuse qui recouvre ces couches saumâtres, et elle y est remplacée par *C. carinata*.

Corbula Basteroti, Hörnes. — Espèce bien caractérisée par sa forme équivalve, ovale-rhombe, et par ses stries fines. Rare dans le grès à Potamides de l'anse Rousset, elle devient plus commune dans l'assise suivante. Elle a été citée à Cabrières par MM. Fischer et Tournouër.

Lutraria oblonga, Chemn. — La forme subéquilatérale et le peu de hauteur de cette coquille permettent de lui attribuer des moules assez communs dans le grès à Potamides.

Potamides plicatus, Brug. type (= var. *intermedius* Sandb.) — Les nombreux sujets de cette espèce, commune à Carry dans tout l'aquitanien et au-dessus appartiennent à la forme type décrite par Bruguière d'après des échantillons des marnes bleues aquitaniennes de Foncaude, caractérisée par sa forme allongée, ses tours presque plats, ornés de fortes côtes longitudinales correspondant aux trois rangées supérieures de granules.

Potamides margaritaceus, Broc. — La majeure partie des spécimens de Carry appartiennent à la variété *moniliforme* Grat. (*in* Sandb. *Mainzer Becken*, pl. VIII, fig. 3) à granules arrondis ou subquadrangulaires, plus gros dans la rangée supérieure de chaque tour, et sont semblables aux spécimens de Saint-Avit, de Dego, de Horn, etc. Mais on recueille aussi à Carry des spécimens plus rares de la variété *marginatus* de Serres ou *calcaratus*, Grat. (*in* Sandb. *loc. cit.*, pl. VIII, fig. 2), qui se trouve également à Saint-Avit, caractérisée surtout par la forme épineuse triangulaire et par la confluence latérale de la rangée supérieure de granules.

Le *P. margaritaceus* se trouve à Carry dans toute la hauteur de l'étage aquitanien ; il est surtout abondant dans l'assise saumâtre, et il est déjà rare dans la couche supérieure à Polypiers qui termine l'étage.

Cerithium (Pyrazus) bidentatum, Defr. (*in* Grat. *Conch. Adour*, pl. I, fig. 15 = *C. lignitarum*, Hörnes). — Abondant au sein de l'étage saumâtre avec les deux espèces précédentes, il devient rare dans la mollasse à Turitelles du cap Rousset et je ne l'ai plus rencontré au-dessus de ce niveau. Le *C. bidentatum* a été signalé dans le Sud-Est à Cabrières et à Tanaron par MM. Fischer et Tournouër.

Cerithium pictum, Bast. — Conforme à l'exemplaire d'Azelzdorf figuré par Hörnes (pl. XLI, fig. 17, *a*) et différent du type de Basterot (*Coq. Bordeaux*, pl. III, fig. 6) par la petitesse relative des granules de la rangée supérieure et par l'aténuation des autres rangées granuleuses du dernier tour. J'ai recueilli le *C. pictum* dans la zone à fossiles blancs du vallon de Carry où il est encore assez rare.

Pyrula Lainei, Bast. — C'est encore à l'état de moule d'assez forte taille, comme dans la zone à *P. subpleuronectes* que cette espèce abonde dans la zone saumâtre. C'est seulement un peu plus haut dans la mollasse à Turritelles que la *P. Lainei* se trouve avec son test, mais sous la forme d'une variété plus petite.

Vermetus intortus, Lam. — Très commun dans le grès à Potamides de l'anse Rousset. L'espèce a été citée au Luberon par MM. Fischer et Tournouër.

Neritina picta, Fér. — Nombreux sujets ayant conservé leur coloration dans le grès à Potamides de l'anse Rousset; à l'état de moules dans les couches à Cyrènes. Les beaux spécimens du grès à Potamides diffèrent de la variété du bassin de Vienne par l'atténuation de leurs deux carènes et sont conformes aux variétés B et D de Grateloup (*Bassin Adour*, nérítines, f. 14 et 16). Leur coloration consiste en lignes noires fines et obliques interrompues par deux bandes blanches transverses.

Neritina subvirginea, d'Orb. (*N. virginea*, Grat.). — On recueille avec le type précédent des spécimens à spire plus allongée, à dernier tour plus oblique, semblables à la *N. virginea* in Grat. (*Adour. Néritines* f. 25 et 26). Hörnes considère cette forme comme une simple variété de la précédente.

Nerita Plutonis Bast. — Conforme au type du bassin de Vienne et du Sud-Ouest. Un sujet du grès à Potamides, par la dépression supérieure bien marquée de son dernier tour, se rapproche de *N. intermedia* Grat., considérée par Hörnes comme synonyme de *N. Plutonis*.

Natica Volhynica, d'Orb. — Petite espèce à spire pointue, à ombilic petit, sans funicule, conforme au type figuré par MM. Fischer et Tournouër (*Léberon*, pl. XIX, f. 3 et 4) mais de dimensions plus petites. Rare dans la zone à fossiles blancs de Carry.

Terebratula grandis, Blum. — J'ai recueilli deux spécimens incomplets dans la zone à fossiles blancs de l'anse Rousset.

Prionastræa diversiformis, Mich. *(Icon. zooph.*, pl. XIi, f. 5). — Zone à fossiles blancs.

Heliastræa Ellisiana, Edw. et H. *(Stylina thyrsiformis* Mich. *loc. cit.*, pl. X, f. 6). — Zone saumâtre du cap Barqueroute.

Le caractère *aquitanien* de cette faune (y compris celle de la zone à *P. subpleuronectes)*, comparée à celle des horizons classiques du Sud-Ouest, s'affirme par la présence des formes les plus caractéristiques ou les plus habituelles de cet étage à Saint-Avit, Dax, Bazas, Lariey, Martillac, Mérignac, etc. (1). Il convient de citer en particulier : *Pyrula Lainei, Potamides plicatus, P. margaritaceus, Cerithium bidentatum, Cerithium pictum, Neritina picta, Cytherea undata, Lucina multilamellata, L. incrassata, L. ornata, Cyrena Brongniarti, Chama gryphina, Mytilus Michelini, Ostrea aginensis, O. undata, Heliastræa Ellisiana, Phyllocœnia, Litharœa*, etc.

Ce parallélisme avec les faunes inférieures de l'Aquitaine est encore confirmé par le caractère négatif tiré de l'absence des formes caractéristiques de l'horizon de Léognan (type de l'étage *langhien* dans le Sud-Ouest), telles que *Pyrula rusticula, Turitella turris, Lucina columbella, Cytherea erycina*, nombreux Pleurotomes, Chenopus, Nasses, etc. qui, vont se montrer en abondance à un niveau un peu plus élevé de la formation de Carry.

L'analogie avec les faluns aquitaniens du Bazadais et du Bordelais se poursuit même jusque dans le facies de l'étage, qui comprend en Provence une série de couches saumâtres riches en Cyrènes, Néritines et Potamides d'espèces identiques, à celles des marnes à faune saumâtre de la Brède, de Larriey, de Martillac, de Louvière, aux environs de Bordeaux, et des

(1) M. Benoist, *Esquisse géol. d. ter. tert. du S.-O. (Journ. hist, nat. de Bordeaux et du S.-O.* 1888), place aujourd'hui à la base de l'étage langhien les faluns de Laricy, Martillac, Mérignac et ceux de St Paul-de-Dax. La faune de ces localités me semble avoir plus d'affinités avec la faune de Bazas qu'avec les faunes miocènes.

couches fluvio-marines du Bazadais, où les *Ostrea aginensis* et *undata* sont abondantes, comme à Carry, à la base des couches à Potamides.

Dans le bassin méditerranéen, les termes de comparaison sont peu nombreux. On doit cependant rapprocher des couches aquitaniennes de Carry, les marnes bleues de Fontcaude et de la Gaillarde près Montpellier (*Bull. Soc. géol.*, 2e série, t. XXV, p. 885) qui contiennent une partie de la faune de Carry, notamment *Potamides plicatus*, *P. margaritaceus* var. *moniliformis* et *calcaratus*, *Cerithium bidentatum*, *Pyrula Lainei*, *Ostrea aginensis*, *Cytherea*, *Corbula*, etc., associations tout à fait semblables à celles de la zone saumâtre de Carry.

En Italie, l'oligocène est plus développé. Il existe sur les deux versants de l'Apennin ligure (Pareto. *Bull. Soc. géol.* 2e série, t. XII, p. 370 et t. XXII, p. 210), à Sassello, Santa-Giustina, Cascinelle, Carcare, Acqui et plus à l'ouest vers Dego et Millesimo, une puissante formation de conglomérats et de grès marins, reposant en discordance sur l'éocène supérieur à fucoïdes. L'assise inférieure souvent saumâtre et lignitifère de cette formation appartient au *tongrien*, caractérisé par *Natica crassatina* et *Cerithium Charpentieri*, tandis que l'assise supérieure, considérée encore comme tongrienne par M. Mayer (*Bull. soc. géol.*, 3e série, t. V, p. 282) paraît plutôt représenter l'*aquitanien*. La collection de la Sorbonne contient une belle série de fossiles de ces localités, parmi lesquels se trouvent un certain nombre de formes communes avec l'aquitanien de Carry, telles que : *Potamides plicatus*, *P. margaritaceus*, *Cyrena Brongniarti*, *Lucina incrassata*, *Venus aff. Fontannesi*, *Phyllocœnia*, etc. Cette liste serait sans doute plus longue si cette faune ligure était étudiée en détail.

Dans le bassin du Danube, l'étage aquitanien n'est guère représenté, sous le facies marin, que par les *Sotzka Schichten* de Styrie, formation sablo-marneuse lignitifère avec faune mixte, saumâtre et marine. Dans la liste d'espèces donnée par M. Fuchs (*Jung. Tertiarbild. d. wiener Beck. und d. ungar. steier. Tieflands.* 1877), les *Potamides plicatus* et *margaritaceus*, *Neritina picta*, *Pyrula Lainei*, *Anomalocardia diluvii*, *Cardium* cf. *turonicum*, *Lucina dentata*, sont communs avec l'aquitanien inférieur de Carry. Mais d'autre part, la présence de fossiles tongriens, tels que *Natica crassatina*, *Cyrena semistriata*, *Cytherea incrassata*, *Ostrea cyathula* impriment à la faune des *Sotzka Schichten* un caractère plus ancien que celui des couches de Carry. Il semble, ainsi que le dit M. Fuchs, que l'on ait affaire à une faune de mélange, où les formes aquitaniennes sont mêlées d'une part à des espèces tongriennes, d'autre part avec des fossiles franchement miocènes, comme l'*Ostrea crassissima* et d'autres espèces du Sud-Ouest.

Quant aux couches du bassin de Horn ou *Hornerschichten* (premier étage méditerranéen de M. Suess), caractérisées par la présence de bancs d'*Ostrea crassissima et gingensis*, elles appartiennent certainement à un horizon plus récent que l'aquitanien. L'ensemble de leur faune, malgré la présence des Potamides et d'autres espèces saumâtres aquitaniennes, est tout à fait comparable à la faune des faluns de Saucats et de Léognan.

Si maintenant au lieu de chercher des rapprochements entre les horizons de la côte de Provence et les couches contemporaines des autres grands bassins, on veut comparer la faune aquitanienne de Carry avec celle des horizons tertiaires plus élevés du sud-est de la France, il est intéressant de constater qu'un assez grand nombre d'espèces de l'helvétien et même du pliocène du bassin du Rhône avaient déjà fait leur apparition dans cette contrée dès la période aquitanienne.

Ainsi, d'après les travaux de Fontannes, de Fischer et Tournouër, *Pecten Justianus*, *Terebratula grandis*, *Scutella paulensis* montent dans la mollasse à *Pecten præscabriusculus*; *Pecten vindascinus* s'élève jusqu'à la mollasse à *Pecten planosulcatus* de Cucuron; *Ostrea caudata*, *Lucina dentata*, *Cytherea pedemontana*, *Corbula Basteroti*, *Cerithium bidentatum*, *Cerithium pictum*, *Natica Volhynica*, se retrouvent à plusieurs niveaux et montent jusque dans les marnes de Cabrières. Enfin *Arca diluvii*, *Chama gryphoides*, *Circe minima*, *Vermetus intortus*, *Spondylus ferreolensis*, sont parmi les formes les plus habituelles du pliocène du Sud-Est. Ces faits me paraissent être l'indice d'une continuité parfaite, dans le bassin du Rhône, dans la succession des faunes superposées, au moins depuis la base de l'aquitanien jusqu'à nos jours. Ils me paraissent aussi fournir un argument de plus aux géologues qui, à l'exemple de Tournouër et de M. Mayer, placent immédiatement au-dessous de l'aquitanien la limite inférieure des formations néogènes.

II. Sous-étage supérieur.

4. MOLLASSE JAUNE ET ROUGE CALCARÉO-SILICEUSE A TURRITELLA QUADRIPLICATA, RÉTÉPORES ET POLYPIERS

Au-dessus des derniers bancs marneux à Cyrènes, le facies et la nature des dépôts se modifient, et on voit apparaître une faune plus franchement marine que la précédente, au sein d'une nouvelle assise composée d'une série de bancs d'une sorte de mollasse calcaréo-siliceuse dure, de couleur ferrugineuse ou rougeâtre, avec alternance de lits de sables gréseux jaunes ou de bancs marneux d'une couleur bleuâtre.

Cette nouvelle assise commence à apparaître (fig. 5, 6) sur les sommets des caps de Nautes et Barqueroute, où elle n'est encore représentée que par ses bancs inférieurs ; mais elle se développe à partir du bord occidental de l'anse Rousset pour constituer les falaises presque entières du cap Rousset (fig. 7) et de la pointe de Carry (fig. 8-12) qui enferment le port de Carry ; enfin plus à l'ouest, les couches supérieures rougeâtres de l'assise ne tardent pas à disparaître vers l'anse de la Tuilière (fig. 14), au-dessous des couches langhiennes.

La puissance de cette assise est au minimum de 25 mètres; et la succession de ses couches assez complexe mais constante permet de la subdiviser en zones d'une valeur uniquement locale, qui sont de bas en haut :

1° *Banc compacte ferrugineux à Turritella quadriplicata (1er niveau).* — Ce banc de mollasse dure, calcaréo-siliceuse, de couleur ferrugineuse, épais de 1 mètre, repose directement sur les marnes à Cyrènes, au-dessus desquelles il forme d'habitude un entablement en surplomb, dont l'éboulement donne lieu à l'accumulation d'énormes blocs au pied des falaises de l'anse Rousset. Il est pétri de fossiles dont le plus abondant est le *Turritella quadriplicata* Bast. qui forme une véritable lumachelle. Mais les coquilles ne se dégagent que sous l'influence des agents atmosphériques, surtout du choc répété des vagues, et c'est seulement dans les blocs éboulés au bord de la mer que l'on peut recueillir les espèces suivantes :

Turritella quadriplicata, BAST., c. c.
— *Desmaresti*, BAST. c.
— *turris*, BAST. r.

Neritina picta, FÉR. c.
Natica Volhynica, d'ORB., r.
Nassa Haueri, MICH. r. r.
Nassa reticulata, LAM. var. r. r.

Dentalium entalis, L. c.	*Corbula Basteroti*, Hörn. r.
Pecten vindascinus, Font.	*Panopœa Menardi*, Desh. r.
Anomalocardia diluvii, Lam.	Fragments de gros *Retepora*.

2° *Zone sablo-gréseuse à Retepora.* — Sur les plateaux des caps de Nautes et Barqueroute, au-dessus de la molasse à Turritelles, quelques bancs gréseux jaunâtres pétris de Bryozoaires *(Retepora)* représentent seuls cette zone. Les fragments de ces fossiles sont surtout visibles à la surface du banc supérieur où les agents atmosphériques ont mis à nu d'innombrables fragments de ces Bryozoaires formant un véritable banc à *Retepora*.

Plus à l'ouest, vers l'anse Rousset, la zone à Bryozoaires acquiert une puissance d'une huitaine de mètres et se compose d'une série de bancs marno ou sablo-gréseux, de couleur variant du bleu au jaune ou au rose. Les fossiles consistent seulement en moules de bivalves dans les parties marneuses; et les zones sableuses jaunes contiennent : *Ostrea granensis* Font. c.; *Pecten vindascinus* Font. c.; *Pecten cf. elegans Andr. r.r.*; et des fragments de Rétépores accumulés surtout dans un banc de $0^m,50$ placé sur la partie supérieure de la zone (banc à *Retepora)*.

Sur le versant du parc de Carry, où la zone à Bryozoaires est bien développée, un lit sableux jaune superposé au banc à Retépores contient avec l'*O. granensis* de nombreuses valves d'*Anomia costata Broc.* (sable à Anomies).

3° *Banc compacte calcaréo-siliceux à Turritelles (2e niveau) et Pyrula Lainei.* — Ce deuxième banc de mollasse ferrugineuse, gréso-calcaire, épais de $1^m,50$ à 2 mètres, diffère du banc inférieur par sa couleur plus claire et par sa faune plus variée, où *Turritella quadriplicata* n'est plus aussi prépondérante. A sa partie supérieure, cette zone se termine par un grès jaunâtre pétri de Bryozoaires *(2e banc à Retepora)*. J'ai recueilli dans les blocs éboulés de cette mollasse les espèces suivantes :

Pyrula Lainei, BAST. c.
Cypræa pyrum GM., r.
Rostellaria decussata, GRAT. r.
Potamides plicatus, BRAG. c.
Cerithium bidentatum, GRAT. r.
Cerithium pictum, BAST. r.
Chenopus pespelecani, L. r.
Cerithium carryense, n. sp. c.
Natica Josephinia, RIS. r.
Neritina picta, FÉR. c.
Turritella quadriplicata, BAST. c.
— *Desmaresti*, BAST. c.
— *turris*, BAST. rr.
Scalaria torulosa, BROC., r.
Corbula Basteroti, HORN., c.
Corbula carinata, DUJ., c.
Lucina columbella, Lam. minor. r. r.
Cytheræa undata, BAST., c.
Lucina incrassata, DUB. r.
Anomalocardia diluvii, LAM., r.
Cardium Burdigalinum, LAM., var. r.
Pecten pavonaceus, FONT., r.
Pecten vindascinus, FONT. r.
Helix Beaumonti, MATH. r.
Polypiers, *Rétépores*.

4° *Marnes bleues et jaunes avec fossiles à test blanc.* — Une zone marneuse bleue à la base, plus sableuse et jaunâtre à la partie supérieure, repose sur l'entablement de la mollasse ferrugineuse et se montre, sur le plateau du cap Rousset, sous la forme de petites buttes coniques, témoins épargnés par l'érosion (fig. 8). L'épaisseur de ces marnes, de 5-6 mètres au cap Rousset, est bien moindre sur les flancs de la falaise du parc de Carry (fig. 9). Les fossiles, à test blanc, sont bien conservés dans ces marnes, quoique assez souvent fragmentés. On y recueille :

Turritella turris, BAST. r.
— *quadriplicata*, BAST. c.
Natica volhynica. d'ORB.
Dentalium Lamarcki, MAY. c.
Cytherea provincialis, n. sp. c.
Anomalocardia diluvii, LAM.
Leda commutata, PHIL. r.
Pecten vindascinus, FONT.
Ostrea granensis, FONT.

5° *Grès sableux à Scutella paulensis et mollasse rougeâtre à*

Polypiers. — Les marnes bleues du cap Rousset sont surmontées par quelques bancs gréso-sableux jaunâtres avec *Scutella paulensis* Ag. c.; *Lutraria oblonga* Chemn.; *Pecten vindascinus* Font. c.; et Huîtres, que couronne un nouveau banc de mollasse calcaréo-siliceuse, lie-de vin, avec nombreuses Turritelles *(T. turris* et *quadriplicata)*, formant le sommet du plateau (fig. 8). Cet ensemble qui a en ce point 8 mètres d'épaisseur, n'est que la base d'une nouvelle assise, plus développée sur la falaise du parc de Carry (fig. 9, 10, 12), où sa partie supérieure, composée d'une mollasse dure, calcaréo-siliceuse, jaune et rougeâtre, est pétrie de Polypiers qui devaient former en ce point un véritable récif, puissant de 10-12 mètres. Les bancs supérieurs de cette mollasse, d'une teinte lie-de-vin, affleurent au niveau de la mer, à la pointe de Carry (fig. 11), et se poursuivent à ce niveau vers l'ouest jusqu'aux anses *dei Bano* et de la Tuilière (fig. 14); cette couche rouge à Polypiers y est intimement liée avec un beau banc calcaréo-gréseux rose et jaune avec *Potamides plicatus* et *Lucina incrassata* spathiques, surmonté lui-même par un banc brun-jaunâtre à faune variée qui termine l'assise à l'anse *dei Bano* et à la Tuilière.

Les fossiles habituels de cette zone sont :

Pyrula Lainei, Bast. c.
Potamides plicatus, Brug. c.
— *margaritaceus*, Broc. r.
Turitella turris, Bast. c.
— *quadriplicata*, Bast. c.
— *Desmaresti*, Bast. c.
Lithodomus Avitensis, Mayer.
Anomalocardia diluvii, Lam.
Lucina incrassata, Dub. c.
Pecten vindascinus, Font.
Ostrea granensis, Font.
Scutella paulensis, Ag. c.
Phyllocœnia carryana, d'Orb.
Heliastrœa Guettardi, Defr.
Brachyphyllia, sp. etc.

Fontannes y indique *Pecten varius*, *Pecten substriatus*, *Chenopus sp.*, que je n'ai pas retrouvés.

Les bancs supérieurs de cette zone (banc rouge à Polypiers — banc à Lucines spathiques — banc jaunâtre à faune variée), qui terminent l'étage aquitanien à l'anse *dei Bano* et à la Tuilière, contiennent spécialement :

Purpura Martini, MATH. r.	*Turritella turris*, BAST. r.
Rostellaria dentata, GRAT. r.	*Natica tigrina*, DEFR. r.
Pyrula Lainei, BAST. a. c.	—
Melongena cornuta, AG. r.	*Lucina incrassata*, DUB. c. c.
Conus canaliculatus, BROC. r.	*Cytherea provincialis*, n. sp. c. c.
Cypræa pyrum, GM. r.	*Venus præclathrata*, n. sp. c.
Voluta rarispina, LAM. r.	*Cardium aquitanicum*, MAY. r.
Potamides plicatus, BRUG. c. c.	*Anomalocardia diluvii*, LAM. c.
— *margaritaceus*, BROC. c.	*Pecten vindascinus*, FONT. c.
Cerithium bidentatum, GRAT. c.	*Lima squamosa*, LAM. c.

L'ensemble de ce sous-étage supérieur ou mollasse à Turritelles contient la faune suivante :

Ostrea granensis, Font. (voir p. 68). — Dans toutes les couches sableuses de l'assise.

Ostrea caudata, Munst (voir p. 68). — Avec la précédente dont elle n'est sans doute qu'une variété.

Anomia ephippium, L. Type et var. *costata*, Broc. — Sujets de petite taille, à côtes en général peu prononcées; commun dans une couche sableuse au-dessus des Rétépores du parc de Carry. D'après une remarque de Reuss *in* Hörnes, l'*A costata* serait une simple variété de *A. ephippium*, qui se trouve à Carry dans la même couche.

Lima squamosa, Lam. — Type répandu dans tout le miocène et vivant dans la Méditerranée. Fontannes le cite dans l'Helvétien du Comtat. Commun dans la couche rouge à Polypiers de l'anse *dei Bano* et de la Tuilière.

Pecten vindascinus, Font. — Je rapporte à ce type (Fontannes, *Bassin de Visan*, pl. V, fig. 3) un grand Peigne très commun dans toute la formation de Carry, qui a aussi des rapports avec les *P. Besseri* et

Leytajanus du bassin de Vienne. Les sujets de Carry ne diffèrent du *P. Vindascinus* type que par le nombre un peu inférieur (14-17 au lieu de 19) des côtes de la valve droite ou convexe, qui sont subquadrangulaires comme dans le type du bassin de Visan, et non pas rondes comme dans le *P. Besseri*. La valve gauche à peine convexe, aux côtes étroites et arrondies, à la surface couverte de stries concentriques fort apparentes, aux oreillettes ornées de lignes d'accroisement verticales, est tout à fait conforme au type de Fontannes.

Il est intéressant de constater l'apparition dans l'aquitanien de la côte de Provence, de ce *Pecten* signalé par Fontannes, seulement à la base de la mollasse à *Cardita Jouanneti* de Visan. C'est évidemment cette espèce qui a été citée à Carry, par M. Mayer, sous le nom de *Pecten solarium*.

Pecten cf elegans, Andr. — Un seul fragment de la zone à Rétépores du parc de Carry est conforme au type figuré par Hörnes (pl. LXIV, fig. 6), par ses côtes larges subarrondies, subdivisées en 5-6 costules écailleuses, de même que les intervalles étroits qui les séparent. L'espèce a été citée par Fontannes, dans la mollasse marneuse du bassin de Visan.

Pecten. sp. — J'ai recueilli, dans la mollasse à Turritelles (deuxième niveau), du cap Rousset, deux fragments d'un *Pecten* que je ne puis rapporter à aucune espèce décrite. Ces fragments annoncent une valve peu convexe, à côtes plus étroites que les intervalles, simples et triangulaires près du sommet, ensuite ornées de trois cordons fins et réguliers; dans le fond de chaque intervalle, on distingue à la loupe un cordon fin longitudinal. Une ornementation fort élégante est produite par de fines lignes concentriques assez espacées, qui passent sans interruption sur les côtés et dans les intervalles.

Ce peigne, du groupe du *P. opercularis*, a quelque ressemblance avec le *P. Malvinæ*, Dub., *in* Hörnes (pl. LXIV, fig. 5), qui s'en distingue cependant à première vue par ses côtes plus larges que les intervalles. Il se rapproche aussi du *P. pavonaceus*, Font. (*Bassin de Visan*, pl. I, fig. 4), dont la valve gauche seule a été figurée. Celle-ci diffère du type de Carry par ses côtes aplaties, subquadrangulaires, par la subdivision moins nette de ses côtes, enfin par ses cordons concentriques moins réguliers. Il faut attendre des spécimens plus complets pour se prononcer sur la valeur de ce type qui est probablement nouveau.

Anomalocardia diluvii, Lam. type et var. — Sujets un peu plus forts que ceux de la zone saumâtre. Communs dans les marnes bleues sur la mollasse ferrugineuse du cap Rousset; plus rares dans la mollasse à Turritelles. Nombreux sujets spathiques dans la couche jaunâtre *dei Bano* et de la Tuilière.

Leda commutata, Phil. — Espèce reconnaissable à son côté postérieur aigu, à sa carène saillante et crénelée, à ses stries transverses rugueuses. Rare dans les marnes bleues du cap Rousset.

Cardium Burdigalinum, Lam., var. *inerme* (pl. II, fig. 2), voir p. 100. — Rare, dans la molasse à Turritelles.

Cardium (Lævicardium), *aquitanicum*, Mayer; *C. anomale*, Math.; *C. pectinatum*, Hörnes. — Le type miocène décrit par M. Mayer. *(Journ. conchyl.* t. VII, pl, IV, fig. 9) sous le nom de *C. aquitanicum* est, comme le remarque Hörnes, très voisin du *C. pectinatum* actuel et se trouve relié à lui par de nombreux intermédiaires. Le *C. anomale* Math. (Catal. méth. pl. XXXII, f. 11-12), me semble se rapporter à cette espèce plutôt qu'au *C. discrepans*, omme le pense Hörnes. M. Mayer dit cependant que le *C. anomale* distingue du *C. aquitanicum* par sa forme moins oblique et ses côtes ongitudinales plus fortes. Rare dans la couche jaunâtre du sommet de l'aquitanien à l'anse *dei Bano* et à la Tuilière.

Lucina incrassata, Dub. *(L. scopulorum*, Bast.). — Identique aux spécimens de Mérignac. Si les moules de Lucines, qui forment plusieurs bancs vers la base de l'assise saumâtre, appartiennent à cette espèce, la *L. incrassata* serait commune à la base de l'aquitanien de Carry. Elle passe dans la mollasse à Turritelles (deuxième niveau) et elle forme, à la partie supérieure de l'étage, associée au *Potamides plicatus*, un véritable banc qui surmonte la couche rouge à Polypiers des Pierres-Tombées et de la Tuilière. Elle reste abondante dans le langhien et même dans l'helvétien de Sausset.

Lucina (Linga) columbella, Lam., var. *minor*. — Très rare dans la mollasse à Turritelles (deuxième niveau) du cap Rousset.

Cytherea undata, Bast. — Caractéristique et identique au type du Sud-Ouest. Commune dans le banc à Turritelles (deuxième niveau) du cap Rousset.

Cytherea provincialis, n. sp. (pl. II, fig. 6-6[b]). Diagnose. —

Testa ovata, transversa, inæquilateralis, tumida, prope umbones postice gibbosula, transversim irregulariter rugosa; antice brevis, rotundata, postice subtruncata, obtuse cuneata; umbones tumidi, antice recurvi; lunula parum impressa, oblonga; dentes cardinales in valva dextra duo, bifidi; in valva sinistra dentes cardinales tres, et lateralis unus sublunularis.

Cette cythérée est surtout voisine de *Cyth. Sismondai* Mayer (*Journ. conch.*, 1861, t. IX, p. 62, pl. III, fig. 6), du tongrien de Gaas, mais celle-ci est plus renflée, plus gibbeuse en arrière des sommets, moins tronquée postérieurement; ses dents cardinales sont plus fortes, moins ramassées; la dent sublunulaire de la valve gauche est plus éloignée des dents cardinales; le mode d'ornementation est tout à fait semblable.

La *C. provincialis* représente le type aquitanien du groupe des *C. incrassata* et *Sismondai* tongriennes; elle est intermédiaire entre ces espèces et la *C. pedemontana* miocène.

L'espèce abonde dans toute la hauteur de l'aquitanien de Carry : elle est avec son test, très fragile, dans la zone à fossiles blancs de l'assise saumâtre, dans les marnes bleues supérieures aux Rétépores du cap Rousset; enfin elle abonde à l'état spathique dans la couche brune qui termine l'aquitanien à l'anse *dei Bano* et à la Tuilière.

Venus præclathrata, n. sp. (pl. II fig. 7). Diagnose. — *Testa ovato-rotundata, crassa, convexa, striis 60 parum profundis longitudinaliter sulcata, lamellis tenuibus concentricis circiter 30 eleganter clathrata; umbones parvi, antice incurvi, lunula magna cordiformis parum impressa; in valva dextra duo dentes cardinales quorum anticus bifidus; deus lateralis unus, sub lunulam dispositus.*

Cette espèce est voisine de *Venus clathrata* Duj., nom sous lequel elle a été inscrite dans la collection d'Orbigny. Elle s'en distingue aisément par ses sommets moins saillants, et par son mode d'ornementation : dans le type de Carry, la surface est parcourue par une soixantaine de sillons rayonnants peu profonds, croisés par de *fines lamelles saillantes* (30 environ), plus espacées entre elles que les stries rayonnantes; de là résulte un élégant treillis, dont les mailles sont de petits rectangles à grand axe longitudinal. Dans le *V. clathrata* de Touraine et de Vienne, les cordons concentriques sont plus gros et plus saillants, les stries longitudinales sont moins régulières et tendent même à s'effacer sur les sujets adultes, sauf en arrière; il en résulte que le treillis de la surface est plus grossier et moins élégant. On peut considérer l'espèce de Carry comme une forme *ancienne* de *Venus clathrata*.

Commune dans la couche jaunâtre qui termine l'étage aquitanien à l'anse *dei Bano* et à la Tuilière et dans le banc à Lucines spathiques sous-jacent.

Corbula Basteroti, Hörnes, voir p. 74. — Rare, dans les deux bancs de mollasse ferrugineuse du cap Rousset.

Corbula carinata, Duj. *(C. revoluta*, Bast., *non* Broc.). — Identique aux spécimens de Léognan. Elle remplace dans la mollasse à Turritelles la *Corbula retrosulcata* des couches saumâtres, dont elle diffère surtout par l'absence de sillon longitudinal en arrière de la carène; voir p. 73.

Lutraria oblonga, Chemn. — Moules dans les bancs gréseux supérieurs du cap Rousset.

Panopæa Menardi, Desh. — Type reconnaissable à sa forme très inéquilatérale, qui la distingue de l'espèce pliocène. Rare dans la mollasse à Turritelles du cap Rousset. M. Mayer a déjà signalé cette espèce de la côte de Carry, et MM. Fischer et Tournouër de la mollasse de Cucuron.

Lithodomus Avitensis, Mayer. — Distinct du *L. litophagus* vivant, surtout par l'atténuation de l'angle postérieur et la subégalité de ses deux extrémités. Beaux spécimens en place dans les bancs à Polypiers du parc de Carry.

Dentalium entalis, L., *(D. Linnæi*, Dolf. et Dautz.). — Lisse, à test épais, peu recourbé. Répandu depuis l'aquitanien de Mérignac jusqu'aux mers actuelles. Commun dans la mollasse à Turritelles (premier niveau).

Dentalium Lamarcki, Mayer. — Lisse dans sa moitié antérieure, pourvu de côtes fines dans le bout postérieur; le nombre des costules est un peu plus faible que dans les sujets figurés par Hörnes (pl. L, fig. 35). M. Mayer, *Journ. Conch.*, t. XII, p. 338, a séparé ce type miocène du *Dent. pseudo entalis* éocène. Commun dans la marne bleue du cap Rousset.

Neritina picta, Fer. *in* Hörnes. — Les spécimens (pl. I, fig. 3) qui abondent dans la mollasse à Turritelles diffèrent de ceux de la zone saumâtre, par leur taille plus forte et par la forme déprimée et bicarénée de leur dernier tour, ce qui les rapproche du type du bassin de Vienne (Hörnes, pl. XXXXVII, fig. 14), et de la *N. virginea*, de Grateloup (*Conch. Adour*, pl. I, fig. 25-26); celle-ci n'est d'ailleurs pour Hörnes qu'une variété de *N. picta*.

Nerita gallo-provincialis, Math. — Conforme au type de M. Matheron (*Cat.* pl. XXXVIII, fig, 9-10), mais à spire moins allongée. Un seul spécimen dans le banc rouge à Polypiers des Pierres-Tombées.

Natica Josephinia, Risso (*N. olla*, de Serres), voir p. 101. — Rare, dans la mollasse à Turritelles (deuxième niveau). Devient plus commune dans la mollasse langhienne.

Natica volhynica, d'Orb. (*N. epiglottina*, Dub.. *non* Lam.) — Petite espèce à spire pointue, à ombilic peu ouvert, conforme au type de Cabrières (Fisch. et Tourn., *Léberon*, pl. XIX, fig. 3-4), sauf que la taille est plus faible. L'espèce date de l'éocène. Rare dans les marnes bleues du cap Rousset.

Natica tigrina, Def *in* Grat. voir p. 101. — Rare dans les couches jaunâtres supérieures de l'aquitanien de la Tuilière.

Turritella quadriplicata, Bast. — Il existe dans toute la hauteur de la formation de Carry, mais surtout dans la mollasse ferrugineuse du cap Rousset, une Turritelle tout à fait conforme au type du Sud-Ouest, figuré par Basterot, sous le nom de *Turritella quadriplicata* (*Foss. Bordeaux*, pl, I, fig. 13). Chaque tour de spire porte quatre cordons transverses réguliers groupés deux à deux, les supérieurs étant plus rapprochés et plus faibles que les cordons inférieurs, caractère que la figure de Basterot ne fait pas suffisamment ressortir, mais qui se voit fort bien sur les spécimens de Bordeaux et de Carry.

Je signalerai dans les marnes bleues du cap Rousset une forme que je rattache à la précédente à titre de variété (pl. I, fig. 4), qui se distingue par l'atténuation des cordons supérieurs et par la forte saillie des cordons antérieurs. Ce type, par la disparition complète de ses deux carènes supérieures, passerait aisément à certaines variétés de *T. bicarinata*, Fisch., comme par exemple à celle de Cabrières, qui a été décrite par MM. Fischer et Tournouër, sous le nom de *T. pusio*. Il est malaisé de distinguer de cette dernière certains spécimens de Carry.

La *T. quadriplicata* se trouve à Carry, depuis l'aquitanien jusque dans la mollasse helvétienne de Sausset.

Turritella Desmaresti, Bast. — Conforme au type de Bazas et de Saint-Avit, mais à tours plus débordants en dessous que dans la figure de Basterot (pl. IV, fig. *a*). Mollasse à Turritelles du cap Rousset; couches à Polypiers du parc de Carry; remonte jusque dans l'helvétien de Sausset.

Turritella turris, Bast, voir p. 102. — Rare dans la mollasse à Turritelles du cap Rousset, et dans la zone à Polypiers du parc de Carry, elle devient beaucoup plus abondante dans l'étage suivant.

Scalaria torulosa, Broc. *in* Hörnes (pl. XLVI, fig. 13). — Type bien distinct, à côtes écartées, à intervalles finement striés; rare dans la mollasse ferrugineuse (deuxième niveau) du cap Rousset.

Scalaria lamellosa, Broc. *in* Hörnes, pl. XLVI, fig. 7. (*Sc. rugosa*, Math.) — Un seul sujet des marnes bleues du cap Rousset.

Potamides plicatus, Brug., voir p. 74. — Commun dans la mollasse à Turritelles (deuxième niveau), et surtout dans le banc à Lucines qui surmonte le banc rouge à Polypiers de la Tuilière.

Potamides margaritaceus, Broc. — Avec le précédent, mais devient rare à ce niveau.

Cerithium (Pyrazus) bidentatum, Grat. — Rare dans la mollasse à Turritelles (deuxième niveau). Je ne l'ai plus retrouvé au-dessus de cet horizon.

Cerithium pictum, Bast., voir p. 74. — Très rare dans la mollasse à Turritelles (deuxième niveau).

Cerithium pictum, Bast. var. (*C. thiara*, Grat., *Conch. Adour.*, pl. XVIII, fig. 7). — Variété allongée du précédent, et dans le même banc.

Cerithium carryense, n. sp., pl. I, fig. 10. — Diagnose : *Testa turrita, elongata, subpupiformis; anfractus* 11-12 *plani, sutura impressa disjuncti, in medio excavati; prope suturam anticam et posticam seriatim nodosi, cingulo tenui medio ornati; grani superiores et inferiores obsolete in plicos longitudinales concatenati; canalis brevis, apertus.*

Cette espèce a des rapports évidents avec le *C. nodoso plicatum* du bassin de Vienne, *in* Hörnes (pl. XL, fig 20), mais il s'en distingue aisément par sa plus grande longueur, par son facies plus pupiforme, par la présence assez constante d'un petit cordon granuleux entre les deux rangées principales de granules; enfin par son canal plus droit et plus allongé.

Je ne l'ai trouvé que dans la mollasse ferrugineuse (deuxième niveau) du cap Rousset.

Nassa Haueri., Mich., voir p. 104. — Rare dans la mollasse à Turritelles du cap Rousset.

Nassa reticulata, Lam, voir p. 104. — Rare avec le précédent.

Pyrula Lainei, Bast., var. *minor*. — Assez fréquente dans la mollasse à Turritelles (deuxième niveau) du cap Rousset et dans le banc rouge à Polypiers supérieur de l'étage aquitanien à la Tuilière. Les spécimens de cette assise sont de taille plus petite que ceux de l'assise saumâtre.

Rostellaria dentata, Grat. — Deux sujets de l'anse *dei Bano* sont semblables par la présence de varices longitudinales au spécimen figuré par Basterot (*Foss. Bord.* pl. IV, fig. 1) sous le nom de *R. curvirostris*. L'espèce date de l'aquitanien de Mérignac et se continue jusque dans le miocène supérieur.

Voluta rarispina, Lam. r. voir p. 104. — Couche jaunâtre *dei Bano*.

Melongena cornuta, Ag. r. voir p. 104. — Couche jaunâtre *dei Bano*.

Strombus decussatus, Grat. — Conforme au type de Dax, cette espèce est rare dans la mollasse à Turritelles (deuxième niveau) du cap Rousset.

Chenopus pes pelecani, L. — Un seul sujet, à carène presque lisse, se rapprochant de *C. Uttingeri;* mollasse à Turritelles.

Jania angulosa, Broc. (*Murex angulosus*, Broc., *M. articulatus* Mich.). — Un seul exemplaire de la mollasse à Turritelles, conforme au type de Tortone *in* Michelotti (*Foss. Ital. sept.*, pl. X, fig. 1); l'espèce qui est surtout miocène supérieure et pliocène, a déjà été citée de Carry par Hörnes.

Cypræa pyrum, Gm. (*C. provincialis*, Math.). Conforme au type de M. Matheron (*Cat. méth.*, pl. XL, fig. 22-23), que Hörnes a restitué à *C. pyrum*, et qu'il a signalé à Dax et dans les marnes bleues aquitaniennes de Montpellier, ainsi que dans les couches de Horn. Rare dans la mollasse ferrugineuse (deuxième niveau) du cap Rousset.

Conus canaliculatus, Broc. — Identique au type de Turin et Dertona (*C. oblitus*, Michel, *in Descr. foss. Ital. sept.* pl. XIV, fig. 2), fort voisin de *C. Dujardini*, mais distinct par une spire moins aiguë, moins scalariforme, et par l'atténuation des stries sur le dernier tour; peut-être ce cône est une variété *ancienne* de *C. Dujardini*. Rare dans la couche à Lucines des Pierres-Tombées.

Helix Beaumonti, Math. — J'ai recueilli, dans la mollasse à Turritelles (deuxième niveau) deux specimens d'un *Helix* à carène latérale, qui ne se distinguent que par leur taille plus petite de *Helix Beaumonti*, Math. (*Cat. méth.* pl. XXXIII, fig. 19), de la mollasse marine des Beaumettes, près d'Aix.

Scutella paulensis, Ag. — L'apparition de cette espèce a lieu à Carry une première fois (voir p. 62), vers la base de l'aquitanien; elle disparaît ensuite dans l'assise saumâtre pour se montrer de nouveau en abondance au cap Rousset et au parc de Carry, dans les grès sableux à *Pecten vindascinus* qui forment la base de la mollasse à Polypiers. Elle remonte bien au-dessus dans le langhien et dans l'helvétien de Sausset.

Cidaris Avenionensis. — Magnifique sujet de la couche rouge de l'anse *dei Bano* (Mus., Marseille).

Phyllocœnia carryana, d'Orb., voir p. 63. — Couche rouge à Polypiers de la Tuilière.

Heliastræa Guettardi, Defr. (*Astrea Guettardi*, Mich. *Icon. zooph.*, pl. XII, fig. 3). — Avec le précédent.

Brachyphyllia, sp. — Espèce voisine de *B. granulosa*, Mich. mais différente par l'égalité de ses côtes extérieures.

La faune de cette assise, non moins riche que celle de l'assise saumâtre et à facies plus franchement marin, présente le même caractère général, et plus de la moitié des espèces sont communes aux deux niveaux. Il me semble d'ailleurs logique de rattacher également le dernier à l'étage *aquitanien*, dont il contient les formes les plus caractéristiques, comme *Pyrula Lainei* var. *minor*, *Strombus decussatus*, *Turritella Desmaresti*, *Nerita Plutonis*, *Neritina picta*, *Cytherea undata*,

Corbula Basteroti, plus l'association des trois Potamides *(P. plicatus, margaritaceus* et *bidentatus)*, caractéristiques de ce niveau dans le Sud-Ouest.

Les espèces communes avec le falun de Larriey, d'après les listes de M. Benoist *(Cat. d. Testacés foss. de la Brède et de Saucats)* sont au minimum de 20, sur un total de 45 espèces c'est-à-dire presque de la moitié. Les plus importantes sont : *Cytherea undata*, *Cardium aquitanicum*, *Lucina incrassata*, *Lithodomus Avitensis*, *Mytilus Michelini*, *Lima squamosa*, *Neritina picta*, *Natica tigrina*, *Potamides plicatus*, *margaritaceus*, *Pyrazus bidentatus*, *Pyrula Lainei*, *Rostellaria dentata*, *Strombus decussatus*, *Cypræa pyrum*, etc. C'est donc au niveau des faluns de Larriey, de Mérignac, de Saint-Avit, c'est-à-dire dans l'aquitanien supérieur du S.-O (langhien inférieur Benoist) qu'il convient de ranger la faune de la mollasse à Turritelles de Carry.

Mais il est intéressant de constater dans cette nouvelle assise, que la faune, d'âge incontestablement aquitanien, commence à se mélanger avec un certain nombre de types caractéristiques de l'horizon de Léognan, ou du moins plus habituels à ce niveau dans le Sud-Ouest, comme *Turritella turris*. *T. quadriplicata*, *Chenopus pespelecani* et var., *Cardium Burdigalinum* var., *Lucina columbella minor*, *Corbula carinata*, etc. Mais il convient de remarquer aussi que ces formes, nouvellement introduites, sont encore pour la plupart représentées par des spécimens rares et de petite taille. Ces espèces jouent en quelque sorte le rôle de précurseurs et ne sont destinées à devenir abondantes que dans les assises plus élevées de la côte de Carry. Ce mélange d'espèces tend à imprimer à la faune de cette assise un facies mixte ou de passage, qui autorise bien l'attribution de cette mollasse à Turritelles à la partie supérieure de l'étage aquitanien. Des faits de même ordre ont été depuis longtemps constatés par Tournouër (*Bull. soc. géol.*, 2e sér., t. II, p. 1051), dans les environs de Bordeaux et notamment dans les faluns de Mérignac et du Haillan, dont les faunes présentent, comme celles des couches du port de Carry, l'association des types les mieux caractérisés de l'aquitanien avec un certain nombre d'espèces du falun de Léognan.

J'ai déjà noté, à l'occasion de l'assise précédente, le parallélisme évident de la faune aquitanienne de Carry avec celle des marnes bleues de Fontcaude, près Montpellier, seule localité du Sud-Est où affleurent des couches oligocènes à facies marin. Il suffit de parcourir la liste des espèces de ces marnes bleues (*Bull. soc. géol.*, 2e sér., t. XXV, p. 886), pour reconnaître la contemporanéité de ces formations.

En se reportant aux faunes plus récentes de la mollasse helvétienne du bassin du Rhône, j'ai déjà constaté plus haut, d'après les listes de Fontannes, l'apparition dans l'assise saumâtre à l'est de Carry d'un certain nombre d'espèces qui passent dans l'helvétien du Sud-Est. La liste de ces formes communes s'accroît encore dans la mollasse à Turritelles par l'adjonction aux espèces déjà citées de : *Anomia costata*, *Pecten elegans*, *Panopœa Menardi*, *Conus aff. canaliculatus*, *Turritella turris*, *Scutella paulensis*, toutes espèces citées par Fontannes à diverses reprises dans la mollasse à *Pecten præscabriusculus* du Sud-Est.

II

Système Miocène.

B. *ÉTAGE LANGHIEN*

5. MOLLASSE GRÉSEUSE A TURRITELLA TURRIS ET AMPHIOPE ELLIPTICA

Au-dessus des couches à Polypiers et *Pyrula Lainei* de la Tuilière, on voit affleurer à l'ouest de Carry, entre les Pierres-Tombées et le port de Sausset, une série de couches sableuses à Peignes et Huitres, consolidées à divers niveaux en une mollasse gréseuse blanche, rose ou jaunâtre, dont quelques bancs (les Baumettes, le Rouveau, Sausset) sont remplis d'une riche faune de Gastropodes, identiques pour la plupart à ceux de Saucats et de Léognan, dans le Sud-Ouest.

Cette nouvelle assise, épaisse environ de 25 mètres, comprend de bas en haut les zones suivantes :

1° *Marnes brunes et rouges à Pecten vindascinus et Ostracés.* — Au banc brun jaunâtre à *Gastropodes* des Pierres-Tombées et de la Tuilière succèdent (fig. 13 et 14) d'abord un grès marneux jaunâtre à *Pecten vindascinus*, Huitres et moules de bivalves, que surmonte une couche de 4-5 mètres de marne argileuse brune et rouge, dont on a tenté l'exploitation comme argile à tuiles sur le bord de l'anse dite de la Tuilière. Les fossiles peu variées de cette zone sont : *Pecten vindascinus* Font.; *Ostrea cf. Boblayei* Desh.; *Ostrea aginensis* Tourn.; *Ostrea granensis* Font.; *Anomia ephippium* L.

2° *Mollasse gréseuse à Turritella turris et banc rose de l'anse des Baumettes.* — Au-dessus des marnes brunes et rouges, point de repère facile à reconnaître, vient une formation sablo-gréseuse, un peu calcaire, de couleur claire, blanche, jaunâtre, parfois un peu rosée, qui constitue les petits plateaux (fig. 14), des Pierres-Tombées, du cap de Barre et de la pointe Vaisseau. Ces grès sont pétris de Turritelles *(T. turris, quadriplicata* et *Desmaresti)*, la première de beaucoup la plus abondante. Ils contiennent aussi *Cerithium bidentatum* Grat., *Pleurotoma spirata* Math., *Cardium Burdigalinum*, Lam. var. et de nombreux spécimens d'*Amphiope elliptica* et de Scutelles. Les bancs supérieurs, plus calcaires, qui affleurent au niveau de la mer, à la calanque des Baumettes, prennent une jolie teinte rosée *(banc rose des Baumettes)* et contiennent une riche faune, différente de celle des assises inférieures des environs de Carry. Les principales espèces sont :

Natica tigrina, Defr. r.
— *Josephinia* Risso, r.
Turritella quadriplicata, Bast. c.
— *turris*, Bast. c. c.
— *Desmaresti*, Bast. c.
Pleurotoma rotata, Broc. r.
Clavatula geniculata, Bell.
Genota ramosa, Bast. c.
Nassa Haueri, Mich. c.
Nassa reticulata, Lam. var.
Strombus Bonelli, Br.
Lucina ornata. Ag. r.
Cytherea erycina, Lam. c.
— *Lamarcki*, Ag.
Corbula Basteroti, Horn. c.
Cardium Burdigalinum, L. var.
— *aquitanicum*, Mayer.
Anomalocardia diluvii, L.

Lima squamosa, LAM. c.
Pecten vindascinus, FONT. c.
— *pavonaceus*, FONT. r.
Ostrea aginensis, TOURN.
— *granensis*, FONT., c.
Amphrope elliptica, DESOR, c.

3° *Sables jaunes à Peignes et Huîtres et banc gréseux à Pleurotomes.* – Une nouvelle série de sables jaunes marneux à *Pecten vindascinus* et Ostracés (*Ostrea granensis*, *O. aginensis*), de 4-5 mètres d'épaisseur, recouvre le banc rose des Baumettes, et se termine par un banc gréseux, fin, blanchâtre, riche en Gastropodes des genres Pleurotome, Nasse, Natice, etc. Ce *banc à Pleurotomes*, de 1 à 2 mètres, qui se montre à l'anse des Baumettes, à une certaine hauteur sur le flanc de la falaise (fig. 15), se prolonge à l'ouest pour venir affleurer au niveau de la mer, dans la petite anse du Grand-Rouveau (fig. 16). Sa faune ne diffère de celle du banc rose des Baumettes que par la rareté relative des Lamellibranches et par l'abondance individuelle des espèces suivantes :

Melongena cornuta, AG. r.
Pirula rusticula, LAM. r.
Pleurotoma ramosa, BAST. c.
— *spirata*, MATH. r.
— *geniculata*, BELL. c.
Turritella turris, BAST. c.
— *quadriplicata*, BAST. c
Oliva scalaris, BELL. r.
Bulia? convoluta, BROC r.
Natica tigrina, DEFR. c.
Nassa Haneri, MICH. a. c.
Nassa reticulata, L. var. c.
Lucina ornata, AG. r.
Corbula Basteroti, HÖRN. r.
Amphiope elliptica, DES. r.

4° *Sables jaunes à Lutraria et Thracia ventricosa.* — Enfin l'assise se termine par de nouvelles couches de sables jaunes fins avec *Ostrea*, *Mytilus Michelini*, *Lutraria oblonga*, *Thracia ventricosa*, que surmonte un calcaire lumachelle compacte avec fragments d'huîtres, de Turritelles, etc. A la calanque des Baumettes, cette zone supérieure du *langhien* repose sur un 1er *niveau de conglomérat* à éléments locaux et peu roulés, tandis qu'elle est recouverte par un 2e *conglo-*

mérat à gros galets siliceux et à patine verdâtre, qui forme la base des couches helvétiennes à *Ostrea crassissima.*

5° *Couches de Sausset.* — A l'étage langhien, et à la partie la plus élevée de cet étage, se rattachent encore quelques bancs qui sur le flanc oriental de l'anse de Sausset affleurent (fig. 17), sur une faible étendue au-dessous de la mollasse helvétienne, sans présenter de rapports stratigraphiques visibles avec le langhien des Baumettes et du Rouveau. Ce sont des sables marneux jaunes à la base; puis des marnes noduleuses blanchâtres à grosses huîtres *O. cf. Boblayei*, *Pecten Justianus* c., Polypiers, Amphiopes, etc., que surmonte un banc calcaire rose, très fossilifère, contenant de nombreux cailloux de quartz rose, blanc, noir, de petites dimensions, et recouvert directement par la mollasse à *Ostrea crassissima* et *gingensis*.

La faune de ce *banc rose de Sausset* est des plus riches et rappelle presque entièrement celle du grès à Pleurotomes des Baumettes et du Rouveau, mais avec beaucoup d'éléments en plus. La coloration et l'aspect un peu particulier de ce banc, la présence d'un certain nombre d'espèces qui ne s'étaient pas montrées dans les zones inférieures, me portent à penser qu'il représente un niveau encore un peu plus élevé que les précédents dans l'étage *langhien*. Les principales espèces de Sausset sont les suivantes :

Ostrea cf. Boblayei, DESH.
Pecten vindascinus, FONT. c.
— *Justianus*, FONT.
Cardium Burdigalinum, LAM. var. c.
Anomalocardia diluvii, LAM.
Lucina incrassata, DUB. c.
— *columbella*, LAM. a. r.

Lucina ornata, AG. a. c.
Corbula Basteroti, HÖRN. a. c.
Cytherea erycina, LAM. c.
Natica tigrina, DEFR. c. c.
— *Josephinia*, RISSO, c.
Turitella quadriplicata, BAST. c.
— *turris*, BAST. c.
— *Desmaresti*, BAST. a. r.

Turritella echinata, n. sp. r.
Scalaria, lamellosa, BROC. r.
Calyptræa deformis, LAM. r.
Potamides plicatus, BRUG. r. r.
Cerithium vulgatum, BRUG. r.
Chenopus pespelecani, LAM. c.
— *pes carbonis*. BRONGN. c.
Pleurotoma ramosa, BAST. c.
— *spirata*, MATH. a. c.
— *geniculata*, BELL. c.
— *asperulata*, LAM. r.
— *multistriata*, BELL. r. r.
Nassa eburnoides, MATH. r.
— *Haueri*, MICH. c.
— *reticulata*, L. var. c. c.
Pirula rusticula, BAST. c.
Ficula condita, BRONGN.
Mitra fusiformis, BROC. r.
Terebra acuminata, BORS, r.
— *plicaria*, BAST. r.
Conus aff. canaliculatus, BROC. c.
Strombus Bonellii, BRONGN. c.
Ancilla glandiformis, LAM. r.
Oliva clavula, BAST. a. r.
Murex imbricatus, BROC. r.
— *aff. Genei*, BELL. r.
Voluta rarispina, LAM. c.
Fusus Puschi, ANDR. r.
Triton affine, DESH. r.
— *lævigatum*, M. DE SERRES, r.
Scutella paulensis, AG. c.
Amphiope elliptica, DES. c.

La faune de l'ensemble de l'étage langhien de Carry comprend les espèces suivantes :

Ostrea granensis, Font. voir p. 68. — Commune dans toutes les zones sableuses de l'étage.

Ostrea caudata, Munst, voir p. 68. — Même remarque que pour la précédente.

Ostrea aginensis, Tourn. voir p. 61. — Les sujets de ce niveau, qui forment un banc au-dessous du banc rose des Baumettes ont leur grande valve moins plissée et plus profondément excavée sous le crochet que dans l'étage aquitanien.

Ostrea cf. Boblayei, Desh. — Il existe à la base de l'étage dans les sables qui surmontent la couche rouge à Polypiers de la pointe de Carry un véritable banc d'une huître à test épais, très adhérente, semblable à l'*Ostrea Boblayei* par la forme de la surface ligamentaire et de l'impression musculaire, mais s'en éloignant parce que ses plis longitudinaux sont peu distincts, tandis que ses lamelles concentriques sont au contraire fort développées. Fontannes signale cett eespèce dans les couches de Sausset.

Anomia ephippium, Lam. — Marnes brunes et rouges de la Tuilière.

Pecten vindascinus, Font. voir p. 84. — Commun dans tout l'étage et passe dans l'helvétien.

Pecten Justianus, Font. Assez rare. — Fontannes avait recueilli de beaux spécimens de cette espèce dans les calcaires blanchâtres noduleux du port de Sausset. Voisine du *Pecten substriatus* d'Orb. *(P. pusio auct.)*, cette espèce en diffère surtout par la présence d'une petite côte intercalaire entre les côtes principales trifurquées et par l'absence de stries concentriques au fond de ces intervalles Le type provient des couches les plus inférieures de la mollasse à *P. præscabriusculus* du Comtat.

Pecten pavonaceus, Font. — Une seule valve gauche des grès à Amphiopes du cap Vaisseau est identique à l'espèce de la mollasse sableuse de Saint-Paul-Trois-Châteaux (Font. *bassin de Visan*, pl. I, fig, 4). L'espèce fait partie du groupe du *P. opercularis.*

Lima squamosa, Lam. — Rare dans le banc rose des Baumettes.

Cardium Burdigalinum, Lam. var. *inerme*, n. var. (pl. II, fig. 2). — Identique de forme au *C. Burdigalinum* du Sud-Ouest, le type de Carry constitue au moins une variété locale bien caractérisée qui se distingue par ses côtes médianes moins rectangulaires que dans le type de Bordeaux, presque triangulaires même chez certains sujets, et surtout par ses côtes postérieures dépourvues de lamelles élevées; enfin par ses côtes antérieures non granuleuses. J'aurais sans doute considéré ces différences comme spécifiques, si je n'avais observé certains sujets de Dax, à lamelles et à granules très atténués.

Cette forme, rare dans la mollasse à Turitelles aquitanienne, devient commune dans l'étage langhien, notamment dans le banc rose des Baumettes et dans celui de Sausset.

Anomalocardia diluvii, Lam. voir p. 69. — Peu commune dans cet étage aux Baumettes et à Sausset.

Lucina incrassata, Dubois, voir p. 86. — Commune à Sausset et passe dans l'helvétien.

Lucina (Linga) columbella, Lam. — Peu commune dans la mollasse rose des Baumettes et de Sausset.

Lucina (Divaricella) ornata, Ag. — Plus rare que dans l'aquitanien; banc rose des Baumettes et de Sausset, et passe dans l'helvétien.

Corbula Basteroti, Hörnes, voir p. 74. — Commune dans le banc rose des Baumettes et de Sausset et passe dans l'helvétien.

Cytherea erycina, L. — Espèce caractéristique, identique au type de Bordeaux, commune aux Baumettes, plus rare à Sausset. Elle a été indiquée à Carry par M. Matheron, et par Fontannes dans l'helvétien du bassin de Visan. Chez beaucoup de spécimens de Carry, les stries concentriques tendent à s'effacer sur le bord de la coquille.

Cytherea? Lamarcki, Ag. — Je rapporte avec quelque doute à cette espèce des spécimens de taille médiocre du banc rose des Baumettes.

Lutraria oblonga, Chemnitz. — Commune dans les grès à Amphiopes supérieurs au banc rose des Baumettes.

Thracia ventricosa, Phil. — Commune à l'état de moule interne avec l'espèce précédente, dans les grès à *Thracia* et Amphiopes.

Un sujet pourvu de son test m'a permis de constater son identité avec l'espèce du bassin de Vienne.

Panopæa Menardi, Rud. voir p. 88. — Rare à la base de l'étage dans les grès marneux à *Pecten vindascinus* de la Tuilière.

Calyptræa deformis, Lam. — Rare dans le banc rose de Sausset. Déjà citée à Carry par M. Matheron.

Natica tigrina, Defr. in Grat. (*N. millepunctata*, var. Hörnes).

On trouve en abondance dans tout le langhien de Carry, mais surtout dans le banc rose de Sausset une Natice de taille médiocre, à test épais, à ombilic profond et étroit, à funicule peu développé, caractérisée surtout par la dépression bien marquée que l'on remarque à la partie supérieure du dernier tour. Cette espèce est conforme à la figure donnée par Grateloup de *Natica tigrina*, Defr. (*Conchy. Adour*, pl. IX, fig. 12, et pl. V, f. 4). Hörnes a réuni ce type à titre de variété miocène à *N. millepunctata*, L., et peut-être non sans raison. L'état spathique du test dans les fossiles de Carry ne permet pas de savoir si la surface de la coquille était ornée de ponctuations colorées.

Natica Josephinia, Risso. — Le type miocène diffère de la forme vivante par la hauteur un peu plus prononcée de la spire et par le grand développement du bourrelet ombilical. L'espèce est moins commune que la précédente dans tous les niveaux à Gastropodes de la côte de Carry, depuis l'aquitanien jusque dans l'helvétien de Sausset.

Turitella quadriplicata, Bast. voir p. 89. — Déjà citée dans l'aquitanien, cette espèce traverse tout le langhien et persiste dans l'helvétien de Sausset.

Turritella turris, Bast — Ce type présente dans la formation de Carry, des variations notables. Quelques spécimens, mais c'est le plus petit nombre, se rapprochent du type du bassin de Vienne *in* Hörnes, c'est-à-dire présentent par chaque tour 5 cordons transverses principaux, dont 3 inférieurs plus saillants et deux supérieurs plus fins, mais il y a en outre un petit cordonnet intercalaire entre les deux cordons inférieurs (pl. II, fig. 4).

La plupart des spécimens représentent des variétés dans lesquelles les cordons principaux tendent à s'atténuer, tandis que le nombre des filets intermédiaires augmente. Dans la forme la plus commune à Carry (pl. II, fig. 4[a]) on compte 4 cordonnets intercalaires à partir de la suture inférieure, ce qui fait un total de 9 cordons par tour. Enfin dans les variétés extrêmes le nombre des cordons transverses est de 10 ou 11, et ils tendent à s'égaliser en devenant plus fins. On arrive ainsi à de véritables termes de passages à la *Turritella communis* actuelle, citée à Carry par d'Orbigny.

Turritella Desmaresti, Bast. — Conforme au type de Bordeaux *in* Basterot, pl. IV, fig. 4. Associée aux deux espèces précédentes aux Baumettes et à Sausset, où elle atteint de fortes dimensions.

Turritella echinata, n. sp., pl. II, fig. 3. Diagnose. — *Turritella affinis Desmaresti* Bast., *anfractibus supernè propè suturam excavatis, carinâ mediâ valdè spinosâ.*

Cette belle espèce se distingue par ses tours de spire excavés supérieurement et non aplatis comme dans *T. Desmaresti*, et surtout par sa carène médiane, qui, au lieu de former un simple cordon tuberculeux, se compose d'une série de fortes épines coniques, saillantes et pointues.

Elle débute à Carry, plus haut que la *T. Desmaresti*, et seulement à partir de la mollasse rose de Sausset pour devenir plus commune dans l'helvétien.

Scalaria lamellosa, Broc. — Rare dans la mollasse rose de Sausset.

Potamides plicatus, Brug. — Très rare dans le banc rose de Sausset.

Cerithium vulgatum, Brug. — Se trouve exclusivement dans le banc rose de Sausset où il est rare. La spire est plus allongée et plus étroite que dans les types du bassin de Vienne, mais l'ornementation est tout à fait semblable.

Chenopus pes pelecani, L, var. γ, Weinkauff.). — Je comprends dans ce type actuel la majeure partie des spécimens de Carry dont les carènes médianes sont assez saillantes, ornées de tubercules transverses et non de plis longitudinaux. Commun dans le grès à Pleurotomes des Baumettes et dans le banc rose de Sausset.

Chenopus pes-carbonis, Brongr. — *(Ch. pespelecani* var. β. Weink.). — On trouve associés à l'espèce précédente des spécimens de plus petite taille, dont les carènes plus effilées sont ornées de plis longitudinaux obliques, comme dans le type de Brongniart *(Vicentin*, pl. IV, fig. 1). Hörnes réunit cette espèce à la précédente à cause des nombreuses variétés intermédiaires.

Pleurotoma (Genota) ramosa, Bast. — Spire un peu moins allongée que dans les types figurés par Basterot et Hörnes, mais dernier tour moins renflé et à tubercules moins prononcés que dans la variété de Cabrières (Fischer et T., *Léberon*, pl. XVII, fig. 17). Commun dans le grès à Pleurotomes des Baumettes, dans le banc rose de Sausset et passe dans l'helvétien. Il a été cité par Matheron à Carry et par Fontannes dans la mollasse à *Pecten præscabriusculus* du bassin de Crest, ainsi que dans l'helvétien supérieur du Comtat et de Cabrières.

Pleurotoma (Clavatula) spirata, Math. *Cat. méth.* pl. XL, fig. 11. — Espèce bien reconnaissable à la forme aiguë et tranchante de la carène placée près de la suture supérieure. M. Bellardi la rapproche dubitativement de *Pl. carinifera*, Grat. *in* Bellardi *(Moll. Piem. et Lig.*, *part.* II, pl. VI, fig. 24), dont la carène est moins tranchante. Cette assimilation pourrait bien être fondée, car j'ai recueilli des spécimens de forte taille à carène beaucoup plus mousse que dans le type. Assez rare dans le grès à Pleurotomes des Baumettes et dans le banc rose de Sausset.

Pleurotoma (Clavatula) geniculata, Bell. pl. II, fig. 5. — Je rapporte, non sans quelque hésitation, à ce type de la colline de Turin *in* Bellardi *(Moll. Piém. e Lig.*, *part.* 2, pl. V, fig. 37), un Pleurotome du groupe des *Pl. asperulata et interrupta*, mais distinct du premier parce qu'il ne possède qu'une seule rangée de tubercules placée contre la suture antérieure, tandis que la suture postérieure est bordée par un gros bourrelet mousse, et le plus souvent dépourvu de nodosités. Il diffère du type italien auquel je le rapporte par une taille plus forte et par un canal plus allongé. Commun aux Baumettes et à Sausset.

Pleurotoma (Clavatula) asperulata, Lam. — Plus rare que

le précédent dans le banc rose de Sausset; identique au type de Cabrières, avec cordons granuleux bien prononcés à la base du dernier tour.

Pleurotoma rotata, Broc. — Var. *in* Bellardi *(loc. cit.* pl. I, fig. 6). — Un seul sujet de petite taille diffère de la variété E de M. Bellardi parce que la suture postérieure est bordée par un bourrelet plus saillant que dans le type italien; c'est une exagération du caractère sur lequel est fondée cette variété. Banc rose des Baumettes.

Pleurotoma multistriata, Bell. Un seul sujet du banc rose de Sausset ne diffère du type de Turin *in* Bellardi *(Moll. Piem. e. Lig.*, pl. II, fig. 4) que par des sutures un peu plus profondes. M. Bellardi signale ce dernier caractère chez certains sujets de Turin.

Nassa eburnoïdes, Math. *(Buccinum Caronis*, Hörnes non Brongr. — Cette Nasse appartient à un groupe de formes à suture canaliculée, intermédiaire entre les *Nassa* et les *Eburna*. Rare dans le banc rose de Sausset, mais bien conforme au type de M. Matheron (Cat. méth. pl. XL, fig. 14-16).

Nassa (Cyllenina) Haueri, Mich. (*Buccinum baccatum*. Grat., pl. XXXVI, fig. 6). — Conforme au type de la colline de Turin détaché avec raison par Michelotti *(Descr. foss. Ital. sept.* pl. XVII, fig. 3) du *Buccinum buccatum* Bast. C'est probablement l'espèce que M. Matheron a citée à Carry sous ce dernier nom.

Très rare et de petite taille dans la mollasse à Turritelles aquitanienne, cette espèce devient commune dans le langhien aux Baumettes, au Rouveau, à Sausset et passe dans l'helvétien.

Nassa reticulata, Lam. var. (pl. II, fig. 1 et 1ª). — Il me paraît difficile de séparer du type *reticulata* actuel, sinon à titre de variété, une *Nassa* très commune dans le langhien et dans l'helvétien de Carry, remarquable par sa spire plus effilée que dans les spécimens vivants, et surtout par la constance, à la partie supérieure de chaque tour, d'une bandelette suturale séparée par un léger sillon, et sur laquelle les côtes longitudinales s'atténuent en s'infléchissant en avant. La callosité columellaire est peu prononcée. Il semble que cette forme doive être rapprochée de la var. *Burdigalensis*, Bast., « *anfractibus superne cingula depressa circumdatis* » des faluns de Dax.

Pirula rusticula, Bast. — On trouve dans le langhien de Carry deux formes de cette espèce, l'une à spire élevée et à double rangée d'épines, l'autre à spire plus basse et à une seule rangée épineuse. Rare aux Baumettes ; commune dans le banc rose de Sausset.

Ficula condita, Brongn. — Assez commun dans le banc rose de Sausset, mais toujours de petite taille. M. Mayer a déjà cité l'espèce du mayencien I de Carry.

Melongena cornuta, Ag. — Les deux exemplaires que j'ai recueillis, l'un dans le banc rose des Beaumettes, l'autre au Rouveau, appartiennent à la variété à dernier tour lisse, sans épines en dessus, conforme aux exemplaires figurés par Hörnes (pl. XXX, fig. 2). Cette espèce, qui date de l'aquitanien de Bazas, est surtout commune dans les faluns de Léognan et de Saucats. Elle a été citée en Corse, à Turin, enfin par M. Tournouër, dans la mollasse de Forcalquier.

Voluta rarispina, Lam. — Conforme au type de Bordeaux (*in* Bast. pl. II, fig. 1) J'ai déjà signalé cette espèce au sommet de l'aquitanien de la Tuilière; elle est un peu plus abondante dans le banc rose de Sausset.

Mitra fusiformis, Broc. — Un seul sujet du banc rose de Sausset est conforme au type largement répandu dans le miocène (Turin, Bordeaux, Touraine), et dans le pliocène. L'espèce a été citée à Carry, par M. Matheron, et à Cabrières, par MM. Fischer et Tournouër.

Terebra acuminata, Bors. (*T. tessellata*, Mich.). — Banc rose de Sausset. L'espèce est répandue dans tout le miocène moyen et supérieur, et passe dans le pliocène. C'est sans doute cette espèce qui a été citée à Carry et à Pian d'Areu, par M. Matheron, sous le nom de *T. pertusa*, Bast., espèce très voisine de *T. acuminata*.

Terebra plicaria, Bast. — Banc rose des Beaumettes. Conforme au type de Saucats, *in* Basterot, pl. III, fig. 4, pourvu de plis longitudinaux peu distincts et d'un sillon transverse près de la suture supérieure. La présence de ce sillon la distingue de *T. modesta*, Defr., indiquée à Cabrières, par MM. Fischer et Tournouër. L'espèce est très voisine de *T. fuscata*, Broc., du pliocène.

Strombus Bonellii, Brongn. — Commun, mais toujours de petite taille, aux Baumettes et à Sausset. Ce type est particulièrement conforme à la figure donnée par Grateloup (*Conchy. Adour.*, pl. XXXIII, fig. 7), sous le nom de *Str. lucifer*, Bosc., considéré par Hörnes comme synonyme de *Str. Bonellii.* Le type de Dax et celui de Carry diffèrent de ce dernier par un canal plus étroit et plus long, par les côtes longitudinales épineuses plus régulières du dernier tour, ornées de stries transverses plus serrées, enfin par un angle buccal postérieur plus éloigné de la suture. L'espèce a été citée de Carry, par M. Matheron, et du Mayencien II de Carry, par M. Mayer.

Conus canaliculatus, Broc. (*C. Dujardini*, Desh. *in* Hörnes). — La présence de cette espèce a été déjà constatée plus haut dans l'aquitanien où elle est rare; elle est un peu plus commune dans le banc rose de Sausset. Les sujets de la côte de Provence ont leur spire constamment plus courte que dans les sujets de Vienne, de Touraine et de Cucuron. Ils ressemblent davantage au type pliocène de Brocchi (*Conchy. subap.*, pl. XV, fig. 28) et au type de Turin figuré par Michelotti (pl. XIV, fig. 2) sous le nom de *Conus oblitus*.

Ancilla glandiformis, Lam. — Rare dans le banc rose de Sausset où je n'ai vu qu'un seul échantillon.

Fusus Puschi, Andr. (*Fusus armatus*, Mich.). — Ce type si particulier dont chaque tour est armé d'une série transverse d'épines aiguës, est rare dans la mollasse rose de Sausset d'où je n'ai qu'un seul exemplaire. D'après Hörnes, l'espèce est commune à Grund et plus rare dans les autres stations du bassin de Vienne. Michelotti l'indique de l'helvétien de Turin. Elle n'était pas encore connue du bassin du Rhône.

Triton affine, Desh. — Un seul spécimen entier du banc rose de Sausset.

Triton lœvigatum, Marcel de Serres. — Un seul sujet du banc rose de Sausset ne diffère du type miocène figuré par Bellardi (*Moll. Piem. e. Lig.*, t. I, pl. XIV, fig. 11), que par une spire un peu plus allongée et des stries transverses plus apparentes.

Murex aff. Genei, Bell. et Mich. — Je rapporte à ce type polymorphe un exemplaire unique du banc rose de Sausset. Il diffère des spécimens du bassin de Vienne *in* Hörnes, pl. XXIV, fig. 6, 7, par sa spire plus fusiforme, par son canal long et ouvert. L'espèce est connue de l'helvétien de Turin et de Grund ainsi que du tortonien d'Italie.

Murex imbricatus, Broc. — Un seul sujet du banc rose de Sausset.

Oliva clavula, Bast. — Rare à Sausset, et conforme au type du Sud-Ouest (in Bast. *Mém. Bord.* pl. II, fig. VII). J'ai vu dans la collection d'Orbigny des sujets de cette espèce provenant des couches rouges du sommet de l'aquitanien de la Tuilière.

Oliva (Porphyria) scalaris Bell. — Je rapporte à cette espèce de la colline de Turin (Bellardi. — *Moll. Piem. e. Lig.* 3ᵉ part. p. 205, pl. XII fig. 21) un seul spécimen du grès à Pleurotomie du Rouveau, conforme au type italien par sa spire allongée étroite et scalariforme.

Bulla convoluta, Broc. — Les rares spécimen du Rouveau rappellent par leur forme allongée et cylindrique cette espèce répandue depuis l'aquitanien de Dax jusque dans le pliocène.

Scutella paulensis, Ag. — Mollasse à Turritelles et Amphiopes.

Amphiope elliptica, Des. — Diffère de *A. bioculata*, surtout par son côté postérieur prolongé et non tronqué carrément, et par la forme elliptique de ses deux perforations. Commun dans les grès à *Turritella turris* et dans le banc rose de Sausset.

La faune de cet étage, si on la compare à celle de l'aquitanien de Carry, présente, malgré la présence d'un certain nombre d'espèces communes, un ensemble nettement différent à la fois par les associations génériques et par l'apparition de beaucoup d'espèces caractéristiques qui ne s'étaient pas montrées dans l'étage inférieur.

C'est ainsi que les genres *Neritina*, *Potamides*, *Vermetus*, *Cyrena*, *Corbula*, *Anomalocardia*, *Mytilus*, les bancs d'*Ostrea crispata* et *undata*, qui abondaient dans les couches aquitaniennes ont disparu ou ne comptent qu'un petit nombre d'individus dans ce nouvel étage, tandis qu'à leur place, on voit apparaître les *Natica*, *Nassa*, *Pleurotoma*, *Terebra*, *Ficula*, *Melongena*, *Chenopus*, *Strombus*, *Ancilla*, *Triton*, *Murex*, *Oliva*, *Calyptræa*, etc., qui sont absents ou à peine représentés dans les couches à l'est de Carry. On ne peut manquer d'être frappé de ce fait qu'une modification générique presque identique a été signalée avec insistance par Tournouër *(Bull. soc. géol.*, 2e série, t. XIX, p. 1035) lorsqu'il a comparé les faunes de Bazas et de Mérignac avec celle des faluns de Saucats et de Léognan. Bien que ces substitutions de genre trouvent une explication rationnelle dans un changement du *facies*, plus saumâtre dans l'aquitanien que dans l'étage qui lui est superposé, il importe de tenir compte, pour la classification des couches de Carry, de cette coïncidence du changement de facies à la fois sur la côte de Provence et dans le bassin du Sud-Ouest.

Au point de vue de la distribution des espèces, j'ai déjà dit que bon nombre de formes passaient, sur la côte de Carry, de l'aquitanien dans la mollasse gréseuse à *Turritella turris* et Amphiopes, que je rapporte à l'étage *langhien*. Mais parmi les vingt-deux espèces de mollusques communes aux deux étages, il en est, surtout parmi les Lamellibranches, auxquelles on pourrait appliquer le nom de *formes banales*, parce qu'on les retrouve indistinctement dans toute la hauteur de la formation de Carry depuis l'aquitanien jusqu'à l'helvétien inclus. De ce nombre sont surtout les Huîtres *(O. granensis, O. caudata, O. aginensis)*, les Peignes *(Pecten vindascinus, Pecten Justianus)*, la *Corbula Basteroti*, les *Lucina ornata* et *incrassata* et parmi les Gastropodes les *Turritella Desmaresti* et *quadriplicata*.

En outre, cette connexion faunique entre les deux étages perd singulièrement de son importance, si on remarque que parmi les douze autres espèces communes, plusieurs *(Lucina columbella, Natica tigrina, Turritella turris, Nassa Haueri, Nassa reticulata* var., *Chenopus pespelecani)* ne se trouvent dans l'aquitanien qu'à l'état d'extrême rareté, jouant seulement le rôle de précurseurs, tandis que, par contre, d'autres espèces deviennent rares dans le langhien ou s'éteignent même avant la fin de cet étage. Il convient de citer en particulier les Potamides (*P. plicatus*, *margaritaceus* et *bidentatus*), qui caractérisent par leur abondance les couches saumâtres aquitaniennes de Carry; dans la mollasse gréseuse à Amphiopes, les deux dernières espèces ont disparu, le *P. plicatus* seul persistant à l'état de rareté extrême, dans les couches de Sausset, jusqu'à la base de la mollasse à *Ostrea crassissima*. Tournouër (*loc. cit.*) a indiqué un fait tout à fait analogue dans les faluns de Cestas et du haut Saucats, où il a observé un intéressant retour de Potamides et autres formes saumâtres aquitaniennes, associées avec les espèces des faluns de Léognan.

Le parallélisme de la mollasse gréseuse à *Turritella turris* et Amphiopes avec les faluns de Saucats et de Léognan ne saurait être douteuse, en raison de la présence dans cette mollasse des espèces les plus caractérisques de ce niveau dans le Sud-Ouest, telles que : *Cytherea erycina*, *Cardium Burdigalinum* var., *Lucina columbella*, *Calyptræa deformis*, *Natica tigrina*, *Turritella turris*, *Chenopus pespelecani* et *pes-carbonis*, *Pleurotoma ramosa*, *Pl. asperulata*, *Terebra plicaria*, *T. acuminata*, *Pirula rusticula*, *Melongena cornuta*, *Ficula condita*, *Mitra fusiformis*, *Nassa eburnoïdes*, *Strombus Bonellii*, *Triton affine*. *Ancilla glandiformis*, *Oliva clavula*, *Voluta rarispina*. Si on considère en outre le nombre total d'espèces communes, on trouve que, sur les 54 espèces de mollusques déterminables de Carry, 36 ou 60 pour 100 sont communes avec les faluns *langhiens* des environs de Bordeaux.

En dehors de ces affinités frappantes avec les faluns de Saucats et de Léognan, — rapports tels qu'ils entraînent à mon sens, le synchronisme des deux formations — la mollasse langhienne de Carry présente également un grand nombre d'espèces communes avec les *Hornerschichten* du bassin de Vienne, qui, malgré la présence de l'*Ostrea crassissima*, se rattachent fort probablement au même horizon. Parmi les espèces des environs de Horn et d'Eggenburg, indiquées par Hörnes et par M. Fuchs, les *Calyptœa deformis*, *Pirula rusticula*, *Strombus Bonellii*, *Nassa eburnoides*, *Cypræa pyrum*, *Ancilla glandiformis*, *Potamides plicatus*, *Turritella turris*, *Nassa reticulata*, *Chenopus pes-pelecani* *Ficula condita*, *Lucina ornata*, *Cytherea erycina*, *C. Lamarcki*, *Cardium Burdigalinum*, etc., font partie de la faune langhienne de Carry et établissent entre les deux gisements si éloignés un intéressant parallélisme.

En Italie, les marnes bleues à Ptéropodes, type de l'étage langhien de M. Mayer, sont une formation pélagique à faune pauvre et toute spéciale que l'on ne saurait comparer avec celle des faluns littoraux de Carry, mais que la stratigraphie permet de rapporter au même horizon.

D'autre part, la faune langhienne de Carry ne manque pas de points de contact avec les faunes helvétiennes des bassins atlantique et méditerranéen.

Dans le bassin de Vienne, les analogies les plus évidentes sont pour le riche gisement de Grund, dont la faune, d'après M. Fuchs sert de trait d'union entre les deux grands étages méditerranéens de M. Suess. Si l'on s'en rapporte aux listes de Hörnes, Grund possède 32 espèces communes avec la mollasse à *Turritella turris* et Amphiopes de Carry, sur un total de 54 espèces qui compose la faune de ce dernier horizon. Il est vrai de dire que sur ce nombre de 32 espèces communes, 14 se trouvent exclusivement dans les couches du port de Sausset, c'est-à-dire dans la zone tout à fait supérieure de l'étage, et que l'on peut, à bon droit, considérer comme une zone de passage à l'*helvétien.* Ces espèces sont les suivantes : *Ancilla glandiformis*, *Pleurotoma asperulata*, *Mitra fusiformis*, *Terebra plicaria*, *T. acuminata*, *Nassa eburnoides*, *Strombus Bonellii*, *Triton affine*, *Ficula condita*,

Fusus Puschi, Calyptræa deformis. Les couches de Sausset sont néanmoins assez liées aux bancs inférieurs par l'ensemble de leur faune pour qu'il ne m'ait pas paru possible de les détacher de l'étage langhien.

La proportion d'espèces communes est un peu moindre avec la faune de la colline de Turin et atteindrait d'après les listes de Hörnes, Michelotti, Bellardi, le chiffre de 28 sur 54 espèces de Carry, c'est-à-dire 51 0/0 ; le facies général de la faune est d'ailleurs bien semblable dans les deux gisements, et la distinction précise de ces deux niveaux, est en réalité des plus délicates.

Plus intéressants encore sont les rapports que montre la faune langhienne de Carry avec celles des différentes assises de la mollasse marine du bassin du Rhône, attribuée en entier par Fontannes à l'étage helvétien. Ces affinités importantes à connaître pour l'étude de la succession des faunes miocènes du Sud-Est, méritent surtout d'être analysées pour l'assise la plus inférieure de l'helvétien, c'est-à-dire pour la mollasse à *Pecten præscabriusculus* de Fontannes.

En effet, ce savant géologue a fait depuis longtemps la remarque que, si l'étage langhien ne semblait représenté dans le bassin du Rhône par aucun terme stratigraphique, on constatait en revanche, dans la faune de la mollasse à *Pecten præscabriusculus*, la présence d'un grand nombre d'espèces dont l'apparition a lieu dans le langhien et même dans l'aquitanien du Sud-Ouest.

C'est ainsi que dans la zone la plus inférieure de cette grande assise, dans la *mollasse sableuse à Scutella Paulensis*, riche surtout en Pecten et Ostracés, et dépourvue de Gastropodes, se trouvent les espèces suivantes des couches langhiennes de Carry :

Ostrea caudata.	*Pecten Justianus.*
— granensis.	*— pavonaceus.*
Anomia ephippium.	*Scutella paulensis.*

La *mollasse marneuse* qui vient ensuite contient une faune plus riche, qui comprend les espèces suivantes du langhien de Carry :

Ficula condita.
Pirula rusticula.
Pleurotoma ramosa.
— *asperulata.*
Natica Josephinia.
Turritella turris.
Anomia ephippium.
Ostrea Boblagei.
Ostrea caudata.
Arca diluvii.
Cytherea cf. erycina.
Thracia ventricosa.
Panopæa Menardi.
Scutella Paulensis.
Amphiope elliptica.

On pourrait être tenté de considérer ces faunes comme synchroniques de celle de Carry si l'on ne tenait compte d'abord du petit nombre de ces espèces et surtout de la grande extension verticale de la plupart d'entre elles qui parcourent la hauteur entière du terrain miocène et dont plusieurs débutent même dans l'aquitanien. On est donc réduit, ainsi que le pensait Fontannes *(Bassin de Crest*, p. 109) à un petit nombre de critériums dont le plus important est la présence des *Ostrea crassissima* et *gingensis* dans la mollasse marneuse helvétienne, tandis que ces espèces manquent, de même qu'à Léognan, dans les faluns langhiens de Carry. On peut invoquer en outre un certain nombre d'espèces de cette dernière station comme *Ostrea undata*, *Cardium Burdigalinum*, *Lucina incrassata*, *L. columbella*, *L. ornata*, *Natica tigrina*, *Turritella quadriplicata*, *T. Desmaresti* et enfin le *Potamides plicatus*, qui manquent à l'helvétien de la vallée du Rhône (à l'exception de l'helvétien de Carry) et impriment à la faune un caractère archaïque qui la rattache un peu mieux aux faunes aquitaniennes. Quant au *Pecten præscabriusculus* Font. qui est la plus caractéristique des espèces de l'assise inférieure de l'helvétien du Sud Est, on pourrait invoquer son absence dans le langhien de Carry, si cette espèce ne faisait également défaut dans tout l'helvétien de la côte de Provence.

Enfin, la constance observée par Fontannes dans tout le Sud-Est, d'un épais conglomérat de cailloux verdâtres à la base de la mollasse helvétienne, — indice de mouvements du sol plus ou moins importants, — penche aussi en faveur de l'attribution au langhien de la mollasse à *Turritella turris* et Amphiopes de Carry. C'est seulement en effet au-dessus des couches de Sausset que ce conglomérat verdâtre apparait sur la côte de Provence et se trouve immédiatement surmonté par la mollasse à *Ostrea crassissima* incontestablement helvétienne du port de Sausset.

C. *ÉTAGE HELVÉTIEN*

6. MOLLASSE MARNO-CALCAIRE A OSTREA CRASSISSIMA

Bien que la mollasse helvétienne de la côte de Provence ne soit pas comprise dans l'objet du présent mémoire, et soit réservée pour un travail ultérieur, il me paraît cependant utile, pour terminer l'étude du lambeau tertiaire de Carry-Sausset, d'indiquer la série des couches *helvétiennes* qui recouvrent l'étage *langhien* depuis le bord occidental de l'anse des Baumettes jusqu'à l'anse du Grand-Vallat (fig. 1) où l'affleurement de la bande tertiaire littorale se trouve interrompue par la falaise urgonienne qui vient border en ce point le rivage actuel.

Entre les Baumettes et Sausset (fig. 15-17), la mollasse helvétienne est légèrement transgressive sur le langhien, dont elle est séparée par un conglomérat à gros galets verdâtres, que Fontannes a signalé dans tout le sud-est à la base de l'étage helvétien. Au-dessus du conglomérat, l'helvétien est réduit, sur le plateau du Rouveau et du Sausset à quelques bancs marno-calcaires, dont le plus élevé est rempli d'*Ostrea crassissima* et *gingensis*.

Mais à l'ouest du port de Sausset, le langhien cesse de se montrer, et jusqu'à l'anse du Grand-Vallat, la bande tertiaire est en entier helvétienne. Ce dernier étage comprend à partir du conglomérat de la base, les zones suivantes.

1° *Zone marno-calcaire à Ostrea crassissima.* — Cette zone, épaisse de 1-2^{m}, est formée d'un calcaire mollassique blanchâtre, plus ou moins marneux, pétri de fossiles et surtout d'innombrables individus d'*Ostrea crassissima* et *gingensis*, qui ont vécu en place au point où on les observe actuellement. Ce banc à huîtres affleure sur le bord de la mer, avec un développement magnifique, des deux côtés du port de Sausset.

On y recueille les espèces suivantes :

Ostrea crassissima, LAM. c. c.
— *gingensis*, SCHL c.
Pecten gallo-provincialis, MATH. c.
Mytilus Michelini, MATH. c.
Cardium Darwini, MAYER. (moules), c.

Scutella de grande taille, grosses Balanes, moules de *Turbo*, *Fusus*, *Murex*, *Tapes*, *Venus*, etc., ind.

2° *Zone marneuse à moules de Bivalves 4-6*^{m}. — Plus marneuse que la zone précédente, à laquelle elle passe insensiblement à la base, par quelques bancs gréso-calcaires à moules de gros Bivalves (*Cardium*, *Tapes*, *Venus*, etc.), elle devient plus argileuse à la partie supérieure, formée d'une marne sableuse tendre, de couleur jaune vif, riche en moules de Lamellibranches. Les fossiles, souvent peu déterminables, sont les suivants :

Ostrea crassissima, LAM. r.
— *digitalina*, EICHW. r.
Pecten vindascinus, FONT. c.
Pecten du groupe de *Opercularis*. L. r.
Moules de *Venus*, *Tapes*, *Cardium*, *Turritella*, ind.

3° *Zone à Bryozoaires.* — Bancs assez épais de calcaire marneux, blanchâtre, grumeleux, pétri d'innombrables fragments de Bryozoaires. Vers le haut, le calcaire devient compacte et passe à une mollasse blanchâtre, dure, très riche en fossiles spathiques, qui se dégagent sous l'influence des agents atmosphériques, comme cela a lieu pour la mollasse ferrugineuse aquitanienne des environs de Carry.

Les principales espèces sont :

Lucina incrassata, DUB.
— *ornata*, AG.
Corbula Basteroti, HORN.
Natica Josephinia, RISSO.
Turitella turris, BAST.
— *Desmaresti*, BAST.
— *quadriplicata*, BAST.
Amphistegina vulgaris, D'ORB.

Le facies et la faune de ce banc supérieur sont analogues à ceux de tous les bancs à Turritelles, qui se reproduisent à divers niveaux dans la formation tertiaire de la côte de Carry.

Cette mollasse à faune variée est le dernier terme que l'on observe dans cette partie de la bande tertiaire littorale.

CONCLUSIONS

Le tableau suivant résume les conclusions que j'ai cru devoir adopter pour la classification des divers termes de la formation de Carry,

					ÉQUIVALENTS
II MIOCÈNE.	HELVÉTIEN inf.		6.	Mollasse marno-calcaire à *Ostrea crassissima*.	Turin. — Grund. — Baudignan, Gabarret. Mollasse à *Pecten præscabriusculus* du Sud-Est.
	LANGHIEN. .		5.	Mollasse gréseuse à *Turritella turris* et *Amphiope elliptica*.	Léognan. — Saucats. — Hornerschichten (Autriche).
I OLIGOCÈNE.	AQUITANIEN.	sup.	4.	Mollasse jaune et rouge calcaréo-siliceuse à *Turritella quadriplicata*. Rétépores et Polypiers.	Mérignac. — Larriey. — Saint-Avit.
		inf.	3.	Couches saumâtres à *Potamides plicatus*, Cyrènes et Corbules.	Fontcaude (Hérault).— Bazas. — Sotzka schiten (Styrie). — Sassello, Santa-Giustina (Ligurie).
			2.	Sables et marnes gréseuses à *Pecten supleuronectes* et Polypiers.	
	?TONGRIEN sup.		1.	Conglomérats rougeâtres inférieurs.	Argiles de Lestaque, St-Henri, près Marseille.

Un certain nombre de faits généraux résultent en outre de cette étude des terrains tertiaires marins de la côte de Carry. Les plus importants sont :

1° La continuité de la sédimentation et de la faune sur ce point de la côte de Provence pendant toute la longue période qui s'étend depuis au moins la base de l'*aquitanien* jusques et y compris l'étage *helvétien*. La série des couches est assez régulière et les changements biologiques assez progressifs pour qu'il soit parfois difficile de tracer une séparation un peu nette entre les différents étages géologiques qui composent cette formation.

2° Le contour de la côte de Carry n'a subi que de faibles modifications pendant toute la durée des périodes oligocène et miocène. La géographie de ce point de la côte de Provence, surtout pendant l'aquitanien et le langhien était d'ailleurs à peine différente de la géographie actuelle.

Même la grande transgressivité de la mollasse helvétienne sur les formations antérieures, — si générale dans le Sud-Est et dans presque toute l'Europe, — est très peu sensible sur la côte de Carry, où la mollasse à *Ostrea crassissima* déborde à peine le langhien. Cependant l'existence à la base de cette mollasse du conglomérat à gros galets verdâtres, si constant à ce niveau dans le bassin du Rhône, atteste la production au début de l'helvétien d'un mouvement du sol ou au moins de modifications importantes dans la direction des courants maritimes.

3° Enfin, les couches saumâtres à *Potamides plicatus* et Cyrènes à l'est de Carry, montrent combien a été générale la tendance à la production de dépôts lagunaires dans l'étage aquitanien. Il est curieux de constater l'existence de ces couches saumâtres avec une faune presque identique, depuis les environs de Bordeaux jusque sur la côte de Provence et du Languedoc (Fontcaude), en *Ligurie* (Dego, Sassello) et dans les *Sotzka-schichten* de Styrie.

ADDENDA

La collection d'Orbigny au Muséum de Paris contient un certain nombre d'espèces des faluns de Carry et de Sausset Grâce à l'obligeance de MM. Gaudry et Fischer, il m'a été possible d'étudier ces types dont quelques-uns ne sont pas cités dans ce mémoire, parce que je ne les ai pas recueillis moi-même en place, et que leur véritable niveau est demeuré quelquefois douteux. Je crois cependant devoir signaler les espèces suivantes, d'après les désignations de d'Orbigny.

Aquitanien inférieur. . . .	*Arcopagia corbis*, Bronn.
	Spondylus Deshayesi, Mich.
— supérieur. . . .	*Cerithium fallax*, Grat.
	Sigaretus subcanaliculatus, d'Orb.
	Nerita Martiniana, d'Orb.
	Natica Marticensis, d'Orb.
	— *compressa*, Bast.
	Purpura Martini, Math.
Langhien.	*Turritella communis*, Risso.
	— *Archimedis*, Brongn.

TABLE DES MATIÈRES

Présenté à la Société d'Agriculture, Histoire naturelle et Arts utiles de Lyon, dans sa séance du 16 mars 1888.

LYON. — IMPRIMERIE PITRAT AINÉ, RUE GENTIL, 4.

PLANCHES

PLANCHE I

Fig. 1-1^{a}-1^{b}. *Venus Fontannesi*, n. sp. p. 71.

— 2-2^{a}-2^{b}. *Tapes oligocenica*, n. sp. p. 72.

— 3-3^{a}. *Neritina picta*, var. p. 88.

— 4. *Turitella quadriplicata*, Bast. var. p. 89.

— 5-5^{a} *Anomalocardia diluvii*, var. *Carryensis* p. 69.

— 6-8 *Corbula retrosulcata*, n. sp. p. 73.

— 9. *Ostrea hyotis* Lam. var. *oligocenica*, p. 55.

— 10. *Cerithium Carryense*, n. sp. p. 90.

PLANCHE II

Fig. 1-1[a]. *Nassa reticulata*, L. var. p. 104.
— 2. *Cardium Burdigalinum*, Lam. var. *inerme* p. 100.
— 3. *Turritella echinata*, n. sp. p. 102.
— 4. *Turritella turris*, Bast., p. 102.
— 4[a]. *Turritella turris*, Bast., var. p. 102.
— 5. *Clavatula geniculata*, Bell. p. 103.
— 6-6[a]-6[b]. *Cytherea provincialis*, n. sp. p. 72 et 86.
— 7-7[a] *Venus præclathrata*, n. sp. p. 87.

1

2

1a

4

4a

3

7a

6a

6b

7

6

5

Imp. A. Roux. Lyon

L. Gauthier del. et lith.

Fossiles aquitaniens et langhiens de Carry

L. Gauthier del. et lith.

Imp. A. Roux, Lyon

Mollusques aquitaniens de Carry

ÉTUDES

STRATIGRAPHIQUES ET PALÉONTOLOGIQUES

POUR SERVIR A L'HISTOIRE

DE LA

PÉRIODE TERTIAIRE

DANS LE BASSIN DU RHONE

PAR

F. FONTANNES

MÉMOIRE POSTHUME RÉDIGÉ ET COMPLÉTÉ

PAR

LE DOCTEUR CH. DEPÉRET

www.ingramcontent.com/pod-product-compliance
Ingram Content Group UK Ltd.
Pitfield, Milton Keynes, MK11 3LW, UK
UKHW020155200726
13856UKWH00003B/1013